ALONGSIDE

AL LADO DE

Editorial Gustavo Gili, SA
08029 Barcelona. Rosselló, 87-89
Tel. 93 322 81 61 - Fax 93 322 92 05
e-mail: info@ggili.com
http: //www.ggili.com

CONXITA BALCELLS
JOSEPA BRU

ALONGSIDE

AL LADO DE

Agradecimientos
Queremos agradecer a todos los autores/as de los proyectos su colaboración. A la Editorial Gustavo Gili la confianza depositada en nosotras para materializar la idea del libro. Y, finalmente, a Carmen Hernández Bordas, Mariona Benedito Ribelles, Iñaki Alday, Cristina Jover y Laia Cisteró Fortuny su permanente disponibilidad y entusiasmo.

Acknowledgments
We wish to thank the authors of the projects featured in this book for their collaboration. We are also grateful to Editorial Gustavo Gili for the confidence shown in us when it came to making the book a reality. To Carmen Hernández Bordas, Mariona Benedito Ribelles, Iñaki Alday, Cristina Jover and Laia Cisteró Fortuny, we offer our thanks for their ongoing availability and enthusiasm.

Asesor editorial: **Gustau Gili Galfetti**
Traducción al Castellano: **Emilia Pérez Mata**
Diseño gráfico: **Estudi Coma**

Editorial consultant: ***Gustau Gili Galfetti***
English translation: ***Paul Hammond***
Graphic design: ***Estudi Coma***

Printed in Spain
ISBN: 84-252-1819-5
Depósito legal: B.22.368-2002
Fotomecánica: Punt 94
Impresión: Aleu, SA, Barcelona

Membranas y vecindades

La vida es algo distinto tras una membrana. Algo distinto e inestable que no seguiría siendo sin esa membrana salvaguardando su diferencia. La vida, pura química de la inestabilidad bien informada, subsiste porque se parapeta. Es un descaro insolente, una querencia espumosa que se rebela contra la plácida entropía en que, derrotado de antemano, dormita lo mineral.

Esa interfaz membranosa, puro proteccionismo arancelario, establece ventajosas asimetrías, concentraciones disímiles de esto y aquello, que nutren o drenan según convenga. La vida vive siempre "al lado de". Más aún: vive al lado de todo y del lado conveniente. La ecología de lo vivo es la estrategia de la vecindad.

Como la arquitectura, pues. Siempre se construye en alguna parte. Edificar es levantar membranas para garantizar diferenciales. Diferenciales térmicos, lumínicos, hídricos, sonoros...: diferenciales. Diferenciales y también intimidades, que a fin de cuentas son diferenciales de convivencia, asimetrías entre egos. Visto así, la arquitectura es un caso particular de la biología, como la medicina lo es de la zoología. Casos particulares extremos, en efecto, porque se ocupan de cosas irrisoriamente concretas, aunque trascendentales para nuestra comprensiblemente asimétrica visión del mundo y, sobre todo, para nuestra sesgada manera de vivirlo.

Así es. La medicina se circunscribe a una sola de las innumerables especies animales y, además, sólo se interesa en sus deslices patológicos. La arquitectura, por su parte, se limita a edificar membranas –geológicas las más de las veces, para colmo– al escueto servicio de los seres humanos. Benditas especialidades estrechas, pues, que compensan con su infinita utilidad sus limitados alcances epistemológicos.

La arquitectura debería pertacarse de estas cosas que, sin menoscabar su valor, la invitan a practicar una modestia a todas luces deseable. Y reubican sus puntos de vista, además. Con ese enfoque, efectivamente, lo que está del otro lado de la membrana pasa a ser tan sustantivo como lo que queda de éste, de manera que tanto afecta a lo de adentro como a lo de afuera. La membrana, en definitiva, está a "ambos lados de".

Por el lado de adentro tiene el ambiente perseguido; por el de afuera, el ambiente *tout court*. ¿Cuál de ellos se ve más afectado por el acto arquitectónico, en realidad? Ambos por igual, me parece, y por lo mismo ambos merecerían, creo, una atención semejante. La paradoja, sin embargo, es que la arquitectura a menudo crea ambientes contra el ambiente, de modo que es una habilidad en gran medida contradictoria, particularmente cuando se vuelve paisajística.

El paisajismo, y más aún la proyectación ambiental, ponen la membrana del revés, porque ordenan por el lado de afuera. En realidad, desdibujan la interfaz porque diluyen la membrana. Restituyen al ambiente su condición ubicua, lo que me parece muy bien. Entonces la arquitectura no construye "al lado de", sino "en el seno de". En el seno de un espacio en el que los diferenciales desisten de ser conflictos.

Construir "en el seno de" significa "inscribirse en". "Inscribirse en" es mucho más que estar "al lado de". Es una forma de quitarle hierro a la membrana, que de agresiva frontera insalvable pasa a discreto deslinde benigno. Más aún: es una manera de pacificar el lado de adentro por cese de hostilidades con el de afuera. En, efecto, en eso consiste que el diferencial no sea conflicto, en que haya gradientes sin hostilidad. Con esta óptica, la arquitectura siempre es paisajismo y el paisajismo siempre es ambiente interior.

Se consolida, así, una suerte de arquitectura del espacio total. Una arquitectura del espacio total, por otra parte esperable y probablemente inevitable, en el contexto sostenibilista que viene emergiendo con empuje incontenible. En efecto, la arquitectura sostenibilista en el espacio total, que trasciende con creces a las simples piruetas bioclimáticas, es justamente eso, en su querencia por internalizar externalidades. Está "a ambos lados de", "inscrita en", "en paz con". Es un modo, no una moda.

Membranes and neighbors

Life is something distinct the other side of a membrane. Something distinct and unstable that wouldn't exist without that membrane safeguarding its difference. Life, the pure chemistry of knowing instability, subsists because it protects itself behind a wall. It is brazen cheek, a spumous fondness that rebels against the placid entropy in which the mineral world, defeated in advance, slumbers. That membranous interface, pure protectionism, establishes advantageous asymmetries, dissimilar concentrations of this and that, which nourish or drain away according to what's necessary. Life always lives "alongside" something. More, even: it lives alongside everything, and on the side that's convenient to it. The ecology of living things is tantamount to a good-neighbor strategy.

Like architecture, then. It's always built somewhere. To build is to erect membranes in order to guarantee differentials. Heat, light, water, sound distinctions: differentials. Differentials and intimacies, too, which are ultimately differentials of coexistence, asymmetries between egos. Seen thus, architecture is a particular instance of biology, as medicine is of zoology. Particular instances that are extreme, in fact, because they have to do with things that are ridiculously concrete, albeit important for our comprehensibly asymmetric vision of the world and, most of all, for our skewed way of living it.

That's the way it is. Medicine is confined to a single one of countless animal species and is, on top of that, only interested in its pathological lapses. Architecture, as far as that goes, is limited to building membranes–geological ones, in most cases, to cap it all–in the direct service of human beings. Glorified narrow specialties, then, which compensate for their limited epistemological scope with their infinite usefulness.

Architecture ought to heed these things, things that, without diminishing their value, invite it to practice a clearly desirable modesty. And to reorient its viewpoint, what's more. To be sure, with such a focus what's on the other side of the membrane shifts to become as substantive as what remains on this side, in such a way that it affects what's inside as well as what's outside. The membrane, in short, is on "both sides".

The side inside contains the pursued environment; the side outside, the environment tout court. *Which of the two is more affected by the architectural intervention, in fact? Both equally, it seems to me, and likewise both deserve, I believe, the same amount of attention. The paradox, however, is that architecture often creates environments contra the environment, so that it's a largely contradictory skill, particularly when it's transformed into landscape design.*

Landscape design, and environmental planning even more so, both put the membrane the wrong way round, because they plan for the side outside. In reality, they blur the interface because they weaken the membrane. They restore to the environment its ubiquitous condition, which is fine by me. And so architecture does not build "alongside", but "in the heart of" something. In the heart of a space in which the differentials cease being conflicts.

To build "in the heart of" something means "to be inscribed in" that something. "To be inscribed in" is much more than being "alongside". It's a form of minimizing the membrane which, from aggressive, insuperable frontier, goes on to become a benign, discreet demarcation. More, even: it's a way of pacifying the side inside so that hostilities end with the side outside. In fact, for the differential not to be conflict consists in precisely that; that there are gradients without hostility. Seen this way, architecture is always landscape design and landscape design is always interior environment.

A kind of architecture of total space is consolidated thereby. An architecture of the total space, one to be expected, moreover, and probably inevitable within the sustainable-type context which is emerging with unstoppable force. In effect, sustainable-type architecture in total space, an architecture that amply transcends a simple bio-climatic balancing act, is just that, in its fondness for internalizing externalities. It is "both sides of", "inscribed in", "at peace with". It is a mode, not à la mode.

Detectar y caracterizar actuaciones proyectuales: "al lado de" sugiere una reflexión acerca del significado de una posición que puede ser interpretada de diversas maneras.
El propio enunciado posicional parece sugerir la primacía del "de" en lo que se refiere a la definición del proyecto. Un "de" que, en relación con los proyectos, tiene su materialización territorial en un "dónde". La respuesta a esta y otras cuestiones vendrá de la mano de una determinada taxonomía posicional que se resuelve en tres grandes categorías: aguas, naturalezas, infraestructuras. Pero no basta con el lugar, marcado por la singularidad de un "de" que actúa como referencia; es preciso determinar el "qué": la naturaleza y la escala de las intervenciones que merecen ser consideradas. Dentro de este ámbito hemos establecido una nueva clasificación que intersecta con la precedente y en la que situamos intervenciones de distinta escala: elementos, arquitecturas y paisajes. La naturaleza y escala –o escalas– de la intervención determinan un potencial de reconocimiento posicional del proyecto, pero dicho reconocimiento no puede comprenderse en su totalidad sin referenciarlo a una última pregunta: el "cómo".
Se trata de establecer de qué manera el proyecto se configura como respuesta a la posición en un triple sentido: contextual, programático y formal. El contexto viene marcado por el emplazamiento del proyecto que, generalmente, ya supone un límite a los márgenes de libertad del proyectista; las características de los programas vendrán dadas en cada caso, y serán más o menos acordes a una lectura "posicionada" por parte del proyectista. Se trata, pues, de ver cual ha sido y en qué condiciones –favorables o adversas– se ha verificado.
De este modo llegamos a la interpretación formal de la posición, que se materializa en un proyecto específico que presenta determinados órdenes de magnitud, materiales y conceptuales. Entramos aquí en el campo más amplio y también en el más incierto, en la medida en que se trata de interpretar conceptos e imágenes de referencia del proyectista que nos remiten de nuevo a la posición y nos permiten cerrar el círculo, desplegando, diversificando y vitalizando cada categoría posicional con la realidad específica de cada uno de los proyectos. En este punto, hemos querido explorar el potencial heurístico de conceptos tomados de otras disciplinas y, así, ensayar y proponer piezas de un posible marco teórico que permitan sistematizar las experiencias proyectuales producidas y vividas. Es tal vez un intento de asir lo inasible; dejaremos el juicio a quienes nos lean.

To detect and define projectural interventions: "alongside" prompts reflection about what positioning means, a positioning that can be interpreted in different ways.
The positional affirmation itself seems to suggest the primacy of the "side" aspect as regards the definition of the project. A "side" that, in relation to the project, has its territorial materialization in a "where". The response to this and other questions will emerge via a particular positional taxonomy, resolved in three main categories: water, nature and infrastructure. But it isn't enough, the location marked by the singularity of a "side" that acts as a coordinate; it is essential to determine the "what": the nature and scale of the interventions that deserve to be considered. Within this, we've established a new classification that intersects with the preceding one, and in which we situate interventions of differing scale: elements, architectures and landscapes. The nature and scale or scales of the intervention determine a potential positional identification of the project, but this identification can't be completely understood without referring it to one last question: the "how".
This means establishing the way in which the project is configured as a threefold response to the position: contextual, programmatic and formal. The context is marked by the project site, something that generally speaking already presupposes a limit to the architect's margin of freedom. The program definitions are given in each case, and will be more or less in accordance with a "positioned" reading on the part of the architect. This involves, then, seeing what has been, and under what conditions–favorable or unfavorable–it came to pass. We therefore arrive at the formal interpretation of the position, materialized in a specific project that presents determined orders of material and conceptual magnitude. We enter, here, a wider and also grayer area, to the extent that it involves interpreting the architect's ideas and referent images, which refer us anew to the position and allow us to close the circle, unfolding, diversifying and revitalizing each positional category with the specific reality of each one of the projects. At this point we have sought to explore the heuristic potential of concepts drawn from other disciplines, and thus to try out and put forward the elements of a possible theoretical framework which might enable us to systematize actual, lived projectural experiences. Maybe this is an attempt to grasp the ungraspable; we will leave it to our readers to judge.

Naturalezas y significados de la posición desde una perspectiva transdisciplinar.

¿Desde qué perspectivas y de qué formas se puede interpretar "al lado de"?

La determinación de "al lado de" pasa, en todos los casos, por el reconocimiento de una "región" formal: límite, línea o superficie de contacto que, de manera general, acompaña, marca o tal vez genera, en sí misma, elementos contrastados; o tal vez los ensambla y les da continuidad.

La naturaleza ofrece continuamente superficies de contacto entre estados de la materia. *Interfaces*, superficies que se diversifican en un abanico de consistencias, densidades, texturas, temperaturas diferenciales... Contactos que configuran gradientes o que, por el contrario, se producen abruptamente. Las situaciones de *interface* evocan también discontinuidades dinámicas referidas al tipo de movimiento, a la velocidad en cada una de las fases en contacto y a las posiciones cambiantes en el tiempo de ambas fases. La idea de flujo conduce, también, de manera directa, a la posibilidad de una lectura de formas y contigüidades en términos de diferenciales energéticos involucrados en la génesis de la discontinuidad o en su mantenimiento.

En el ámbito de la vida, la contigüidad, se materializa casi siempre en la configuración de fronteras. Demarcaciones entre hábitats, biótopos o ecosistemas entendidos como espacios "de soberanía". Espacios de borde entre los que la persistencia de cada unidad fronteriza y del sistema en su conjunto se relacionan de manera directa con la capacidad de organizarse, en respuesta flexible a los cambios ambientales. De este modo, los sistemas ecológicos responden a organizaciones que, si bien se materializan en un espacio "local", se mantienen en el contexto de estructuras de niveles jerárquicos o escalares, donde cada nivel viene determinado por los superiores que configuran su entorno y, a la vez, determina a los inferiores, que dependen de él.

En definitiva, los paisajes pueden ser vistos como síntesis de estructuras de contigüidad, organizadas en secuencias escalares. Al margen de diferencias de origen, cronología o periplo evolutivo, los paisajes albergan en contigüidad un catálogo casi infinito de seres, fenómenos y apariencias distintas; dibujan líneas y planos de discontinuidad y se resuelven en formas no siempre previsibles.

No se trata de trasladar mecánicamente los conceptos que se presentan, y otros muchos que podrían evocarse, al análisis de los proyectos. La intención es mostrar que los espacios y las relaciones de contigüidad en el territorio constituyen, por una parte, lugares enormemente ricos y, por otra, temas con-

The nature and meaning of the position from an interdisciplinary angle

From what angles and in which forms can "alongside" be interpreted?

The determining of "alongside" depends, in every case, on the recognition of a formal "region": a limit, line or area of contact that generally accompanies, frames or perhaps generates, in itself, contrasting elements; or perhaps links them together, giving them continuity.

Nature continually presents surfaces of contact between states of matter. Interfaces, surface areas that diversify in an array of differential consistencies, densities, textures and temperatures. Contacts that configure gradients or that, conversely, are abruptly produced. Interface situations also evoke dynamic discontinuities related to the type of movement, to the velocity in each of the contact phases and to the changing positions in the timing of both phases. The idea of flow also leads directly to the possibility of a reading of forms and contiguities in terms of the energy differentials involved in the genesis of discontinuity or in its maintenance.

The ambit of life, contiguity, is almost always materialized in the configuration of frontiers. Demarcations between habitats, biotypes or ecosystems understood as spaces "of sovereignty". Edge spaces among those that the persistency of each border unit and the system as a whole relate to in a direct manner, with the capacity to organize themselves in a flexible response to environmental changes. Ecological systems respond in this way to organizations that, even though they are materialized in a "local" space, keep within the context of structures having hierarchical or scalar levels, in which each level is determined by the superior ones configuring its surroundings, and at the same time determines the inferior ones which depend on it.

In short, landscapes can be seen as syntheses of structures of contiguity, organized in scalar sequences. Apart from differences of origin, chronology or evolutive movement, landscapes sustain in contiguity an almost infinite catalogue of beings, phenomena and distinctive appearances; they describe lines and planes of discontinuity and are resolved in not always predictable shapes.

This doesn't mean mechanically transferring the concepts presented, and the many others that could be evoked, to the analysis of the projects. Our intention is to demonstrate that the spaces and relations of contiguity in the territory constitute, on the one hand, enormously rich locations and, on the other, ongoing themes of research for other branches of science. This enables frameworks of analysis to be available to the archi-

sistentes de investigación para otras ramas de la ciencia. Ello permite que se disponga de marcos de análisis para el proyectista que afronta el proyecto en solitario, con el único recurso a la intuición o con el pobre auxilio de un estudio de "impacto ambiental". La perspectiva científica aporta más que simples metáforas o estudios añadidos, meramente externos, a las inquietudes del proyecto. En la medida en que indaga en la complejidad de los territorios, es capaz de ofrecer algunas explicaciones y compartir algunas de las preguntas con el proyectista. Las preguntas acerca de la correspondencia entre "datos" ambientales que permiten caracterizar un "lugar" o territorio y las interpretaciones de la naturaleza de los lugares aparece incorporada a los proyectos.

Hemos situado nuestro análisis en las formas y la naturaleza de dicha correspondencia; los datos que se privilegian, los que se obvian, minimizan o tergiversan.

La complejidad del ambiente y "las imágenes de oficio"

La imagen del ambiente que es referencia para el análisis de proyectos se plasma en las tres grandes categorías de elementos que configuran emplazamientos y determinan posiciones: aguas, naturalezas e infraestructuras. En ningún caso se trata de categorías "naturales" que agrupan las situaciones a interpretar desde una perspectiva naturalista, sino de categorías de elementos que, aún bajo la apariencia de naturalidad, son depositarios de "capas" culturales. Podría decirse que cada posición se forja a sí misma e incorpora, además, las sucesivas interpretaciones y lecturas que pertenecen al lugar, entendido en su singularidad, pero que trascienden su lectura cultural asimilándolo en un bagaje de situaciones "tipo" pertenecientes al mundo de la ciencia, la literatura, la estética paisajística o de la propia arquitectura. De este modo, el proyectista toma estos lugares ya como otra cosa; el lugar "en sí" más el conjunto de asociaciones "de oficio", sea como imágenes aprendidas, o como contenidos metafóricos más o menos estereotipados.

Proyectar "al lado de"

Las situaciones "al lado de" aparecen con muy escasos referentes proyectuales. La ausencia de propuestas resultante parece haber pasado por alto la posición como factor determinante.

Los proyectos que se han seleccionado como espacios de *interface*: "al lado de" algo que marca un hito o una discontinuidad en el paisaje, no se decantan por un espacio residual ni califican una posición remanente, sino que afirman interpretaciones de posición. Son

tect who confronts the project alone, with unique recourse to intuition or the feeble aid of a survey on "environmental impact". The scientific perspective contributes more than simple metaphors or merely external additional information to the anxieties of the project. To the extent that it inquires into the complexity of the territories presented it, science is capable of providing certain explanations and sharing some of the questions with the architect. The question of the correspondence between environmental "data" that enable a "place" or territory to be defined, and interpretations of the nature of locations, are seemingly incorporated in the projects.

We have focused our analysis on the forms and nature of this correspondence; the data that are privileged, those that are obviated, minimized or misrepresented.

The complexity of the environment and "disciplinary images"

The image of the environment as a frame of reference for project analysis is formulated in three main categories of elements that configure sites and determine positions: water, nature and infrastructure. These are in no way "natural" categories grouping situations to be interpreted from a naturalist angle, but categories of elements which, despite the appearance of naturalness, are depositories of cultural "layers". We might say that each position shapes itself and incorporates, moreover, its successive interpretations and readings, which pertain to the location, understood in all its singularity, but that transcend its cultural reading by assimilating it in a set of "model" situations belonging to the world of science, literature, landscape aesthetics or architecture itself. In this way the architect now understands these locations as something else; the location "in itself" plus the totality of "disciplinary" associations, be these as learned images, or as more or less stereotyped metaphorical contents.

Planning "alongside"

Situations that are "alongside" appear with very few projectural referents. The resulting absence of schemes seems to have ignored position as a determining factor.

The projects selected as spaces of interface "alongside" something which forms a landmark or a discontinuity in the landscape do not show preference for a residual space nor qualify a surplus position, but affirm interpretations of position. Projects of this type are few, and fewer still those that interpret situations of contiguity in a sensitive way, that offer relevant solutions to the complexity of its structure and internal processes.

pocos los proyectos de este tipo, y menos los que interpretan de forma sensible situaciones de contigüidad, los que ofrecen soluciones relevantes a la complejidad de su estructura y de sus procesos internos.
Se trata, tal vez, de proyectos de colonización; no tanto en su materialidad como espacios inéditos, sino en la forma de abordarlos planteando una investigación conceptual respecto del sentido de la intervención en nuevos contextos. No se trata de arquitecturas que se engarzan, sin más, en realidades existentes, ni de arquitecturas "reveladas" desde y por el entorno; son realidades nuevas y atemporales; miradas inéditas disueltas en el paisaje.
"Usar ese lugar es hacerlo desaparecer: como las hojas sobre el pavimento de madera, o la lluvia, arrastrando las tierras, hacia el fondo del corte...
Sin embargo, al final de la construcción vuelven los datos: marchar del lugar ascendiendo. La progresiva ocupación del corte por la tierra y la vegetación. Y el silencio al descender...".[1]

Indicios, espejismos, secretos
La atención al contexto en la creación de formas se distancia de las tipologías arquitectónicas como instrumento fundamental del proyecto. Gravita sobre una conceptualización *ab initio* que se formula en cada proyecto. *"El entorno y el programa, lo empírico en suma, serán por tanto el punto de partida desde el que la obra se elaborará".*[2] Argumentar cada proyecto significa asumir una tensión inicial primigenia entre las leyes del lugar y la libertad interpretativa del proyectista: el control conceptual de la relación entre libertad y necesidad; entre construcción argumental y referentes empíricos objetivables.
"Hace algunos años. Siza indicaba: 'Los arquitectos no inventan nada... trabajan continuamente con modelos que transforman en respuestas a los problemas que se encuentran'. Para el observador crítico. la palabra clave es seguramente 'transforman'.... la transformación necesita llegar hasta un nivel lo suficientemente profundo como para que se produzca un cambio químico y para que surja una nueva síntesis".[3]
Eduard Bru y Josep Lluís Mateo ponen énfasis en "el argumento que explora cada obra" en tanto que factor organizador del proyecto y determinante en la formalización de sus elementos. Más que de un argumento, se trata de un discurso cuyos elementos se toman de una particular interpretación del contexto: *"Comienzo un proyecto cuando visito el lugar (como sucede casi siempre, programa y condicionantes vagos). Otras veces comienzo antes, a partir de la idea que tengo de un emplazamiento (una descripción, una fotografía, alguna*

Colonizing projects are involved, perhaps; not so much in their materiality as new spaces, but in the way of tackling these by proposing a conceptual investigation as to the meaning of intervening in new contexts. In short, these are not architectures embroiled in existing realities, nor architectures "depicted" through and by the surroundings. They are new, atemporal realities; unprecedented optics dissolved in the landscape.
"To use this place is to make it disappear: like leaves on a wooden pavement or rain washing soil towards the bottom of the cutting... but at the end of the construction, the data return: to leave this site in an ascending direction. The progressive occupancy of the cutting by soil and vegetation. And silence as one descends." [1]

Traces, illusions, secrets
The attention paid to context in the creation of forms resides in the distance vis-à-vis architectonic typologies as a basic tool of the project. This gravitate around a conceptualization ab initio *that is formulated in every project.* "The surroundings and the program, the empirical in short, will thus be the point of departure from which the work is elaborated." [2] *To plan each project supposes an initial, pristine tension between the laws of the location and the interpretive freedom of the architect: conceptual control of the relationship between freedom and necessity; between planned construction and objectifiable empirical referents.*
"Some years ago, Siza suggested that 'Architects invent nothing. [...] They work continually with models which they transform in response to the problems they encounter.' To the critical observer the key word is surely 'transform'. [...] Transformation needs to go on at a deep enough level for a chemical change to occur and for a new synthesis to emerge." [3]
Eduard Bru and Josep Lluís Mateo place emphasis on "the line of argument each work explores" qua organizing factor of the project, a decisive one in the formalization of its elements. More than an argument, this involves a discourse whose elements are drawn from a particular interpretation of the context: "I begin a project when I visit the location (the way a program almost always occurs, and ill-defined factors too). At other times I begin before, from the idea I have of a site (a description, a photo, something I've read, an indiscretion). I don't mean to say that I'm going to stick by a first sketch. But everything takes off. A location is valid for what it is and for what it can and wishes to be, things that are sometimes in opposition, but never without a relationship." [4]

1. Miralles, Enric, "Parque cementerio de Igualada", en *El Croquis*, 49-50, 1991, pág. 70.
2. Bru, Eduard; Mateo, Josep Lluís; *Guía de la Arquitectura Española*, Editorial Gustavo Gili, Barcelona, 1984.
3. Curtis, William, "Álvaro Siza: una arquitectura de bordes", en *El Croquis*, 68-69, 1994, pág. 39.
4. Siza, Álvaro, "Ocho puntos", en Frampton, Kenneth, *Álvaro Siza. Obra Completa*, Editorial Gustavo Gili, Barcelona, 2000, pág. 73.

1. Enric Miralles, "Park and Cemetery. Igualada", in El Croquis, *49-50, 1991, p. 70.*
2. Eduard Bru & Josep Lluís Mateo, Guía de la arquitectura española, *Editorial Gustavo Gili, Barcelona, 1984.*
3. William Curtis, "Álvaro Siza: An Architecture of Edges", in El Croquis, *68-69, 1994, p. 39.*
4. Álvaro Siza, "Ocho puntos", in Kenneth Frampton, Álvaro Siza, *Phaidon, London, 2000, p. 73.*

cosa que he leído, una indiscreción). No quiere decir que me vaya a quedar mucho de un primer croquis. Pero todo comienza. Un lugar vale por lo que es y por lo que puede o desea ser, cosas tal vez opuestas, pero nunca sin relación".[4]

La cuestión está en saber cuáles son los elementos de control de esta interpretación que permitan valorar la "sinceridad" de la obra y su fidelidad a la lógica contextualista enunciada como principio organizador. Estos elementos de control han de buscarse en el rigor, en la disciplina, aplicada primero a la definición y después al análisis del contexto. Con demasiada frecuencia, lo que se presenta como contexto no es más que una abstracción marcada por un sesgo individual y/o disciplinar, donde no puede hablarse con propiedad de realismo y, todavía menos, de empirismo, sino de una poética personal o académica.

El medio como referente: entre el análisis del contexto y la autonomía del proyecto

La aproximación empírica a la definición y al posterior análisis del contexto ha de partir de un pensamiento centrado en la complejidad y de un enfoque transdisciplinar. Ambos son inseparables, dado que la aproximación que traspasa los límites de destrezas y actitudes disciplinares no ha de ser la suma de visiones sectoriales, sino la articulación de puntos de vista diversificados alrededor de realidades complejas.

"Fui educado en esa asociación de elementos que dice que hay un programa; se hace el organigrama, se juntan las partes, se resuelve el problema funcional y se ejecutan los alzados... Hoy tengo una visión más libre. Procuro, en lo posible, no sectorializar los factores, incluyendo hasta los más ridículos, integrándolos, buscando que el proyecto nazca con toda su personalidad dentro de un pequeño universo que tiene carácter propio, fuerza propia y sus propios condicionantes".[5]

La realidad de los "contextos" es un precipitado en el que concurren naturaleza e historia, paisajes y flujos invisibles, articulando escalas espaciales y temporales de diversa magnitud y produciendo usos y vivencias diferentes. Los contextos son, en definitiva, realidades complejas imposibles de aprehender desde un único punto de vista, ni reducirlas *a priori*.

"Un único plano de muro o techo puede resonar *con varios órdenes internos del edificio o con rasgos que se han de buscar en el entorno, como carreteras, fachadas o datos geológicos y topográficos".*[6]

Complejidad conceptual y claridad formal, la arquitectura como lugar de visualización de la complejidad estructural y dinámica de un

The problem lies in knowing what the control elements of this interpretation are which permit one to valorize the "sincerity" of the work and its fidelity to the contextualist logic enunciated as an organizing principle. These control elements have to be sought in the rigor, in the discipline applied firstly to the definition, and then to analysis of the context. All too often, what is presented as context is nothing other than an abstraction marked by individual and/or disciplinary bias, in which one cannot rightfully speak of realism, much less of empiricism, but rather of a personal or academic poetics.

The environment as referent: between context analysis and project autonomy

Empirical approximation to the definition and subsequent analysis of the context has to begin with a line of thought centered on complexity and with an interdisciplinary focus. Both are inseparable, given that the approximation which goes beyond the limits of disciplinary skills and attitudes does not have to be the sum of sectorial views, but the articulation of viewpoints diversified around complex realities.

"I was educated in that association of elements which indicates that there's a program; you make the flow chart, join up the parts, resolve the functional problem and execute the elevations. [...] Today I have a much freer view. I try, as far as possible, not to sectorialize the factors, including even the most ridiculous ones, by integrating them, calling for the project to appear with its personality intact, within a small world which has its own character, its own strength and its own conditioning factors." [5]

The reality of different "contexts" is a precipitate in which nature and history, landscapes and invisible flows concur, articulating spatial and temporal scales of varying magnitude and producing different uses and experiences. Contexts are, in short, complex realities that are impossible to grasp from a single point of view, or to a priori delimit.

"A single wall or ceiling plane may 'resonate' with several orders internal to the building or with features to be found in the context, such as roadways, facades, facts of geology and topography." [6]

Conceptual complexity and formal clarity, architecture as a space of visualization of the structural and dynamic complexity of an apparently simple and tranquil territory: this approach brings us almost immediately to the necessity to define new analytical procedures and differing criteria of valorization that stem from disciplinary traditions and are based on diverse conceptual frameworks. To combine new procedures of analysis and

5. Frechilla, Javier, "Fernando Távora. Conversaciones en Oporto", en *Arquitectura*, 261, 1986, pág. 26.
6. Curtis, William, *op. cit.*, pág. 34.

5. Javier Frechilla, "Fernando Távora. Conversaciones en Oporto", in Arquitectura, *261, 1986, p. 26.*
6. William Curtis, op. cit., *p. 34.*

territorio aparentemente simple y en calma. Este planteamiento nos conduce casi inmediatamente a la necesidad de definir nuevos procedimientos de análisis y criterios distintos de valoración que provienen de tradiciones disciplinares y están fundamentados en marcos conceptuales diversos. Combinar nuevos procedimientos de análisis y abrir nuevas perspectivas en la valoración del entorno en el que se plantea la actuación del proyectista es tarea difícil en sí misma por el hecho de que es preciso hacerla sin caer en la trampa de un contextualismo fundamentalista. No hay que perder de vista que el análisis, por muy sensible o por muy exhaustivo y bien hecho que esté, no podrá nunca, por sí solo, fundamentar un proyecto. Lo denominado como verdad de cada proyecto obedece siempre a un complejo equilibrio entre "saber" como conocimiento (complejo) del contexto, y "poder" como consciencia de la capacidad transformadora y la responsabilidad de usarla, en la combinación creativa de necesidad y libertad. Tal vez sólo se trate de *"... desaparecer tras la sombra del Partenón... cuando se ha dicho todo y no queda ya nada por hacer, el tiempo ha dado la razón a Pikionis: la remodelación de los alrededores de la Acrópolis se considera hoy como un ingrediente esencial del paisaje".*[7]

open up new perspectives in the valorization of the setting in which the architect's intervention is proposed is a difficult task in itself, due to it being essential to do so without falling into the trap of a fundamentalist contextualism, real or imaginary. It mustn't be forgotten that any analysis, however sensitive or however exhaustive and accurate it may be, cannot ever by itself form the basis of a project. What is know as the "truth" of each project always responds to a complicated balance between "knowledge", as a (complex) understanding of any context, and "power", as awareness of any transformational capacity and the responsibility for using this, in the creative combination of necessity and freedom. Perhaps this merely means to "disappear beneath the shadow of the Parthenon. [...] When all is said and done, time has proven Pikionis right: the remodeling of the surroundings of the Acropolis is today considered to be an essential ingredient of the landscape".[7]

7. Mantziaras, Panos, "Pikionis: ¿modernidad arcaica?", en *Quaderns d'Arquitectura i Urbanisme*, 190, 1991, pág. 104.

7. *Panos Mantziaris, "Pikionis: Archaic Modernity?", in* Quaderns d'Arquitectura i Urbanisme, *190, 1991, p. 104.*

AGUA
WATER

Ordenación del frente litoral de la Albufera, Dehesa de El Saler, Valencia, España

Entre la tierra y el mar menudean dos tipos de frontera: las dunas y los diques. La primera suele responder a un complejo mecanismo, fruto de la combinación de aportes de sedimentos de los ríos al mar, del oleaje y del viento. La segunda es una intervención antrópica, una barrera de hormigón impuesta a la naturaleza para su uso y dominio.

La Dehesa de El Saler forma parte de la defensa natural que cierra al mar el Parque Natural de la Albufera de Valencia.

Los planes de desarrollo turístico de los años sesenta iniciaron la urbanización de este litoral. La primera acción consistió en arrasar el ecosistema de la restinga, formado por pinares y marjales, dunas, contradunas y depresiones lagunares, “mallades”, con su característica biodiversidad. En su lugar se alzó un dique, un paseo elevado sobre muros de hormigón. Junto a él se extendieron grandes explanadas de asfalto para apartamentos, vías y aparcamientos.

Ante esta realidad, el proyecto se aborda desde el doble y contradictorio objetivo de restablecer la sección natural del ecosistema territorial y hacerlo compatible con la fuerte presión turística que comporta su proximidad con la ciudad de Valencia y su área metropolitana. La actuación ha consistido en derribar el paseo-dique existente y sustituirlo por un cordón de dunas delantero, compuesto por una duna primaria –contraduna– y una duna secundaria, estabilizado mediante vegetación específica autóctona. La extrema vulnerabilidad de dicho sistema implica limitar el paso a su través mediante accesos controlados. Se han eliminado los viales rodados existentes y la senda peatonal transcurre en el ámbito trasdunar.

El desmantelamiento de las superficies asfaltadas y demás servicios de la urbanización ha dado lugar a nuevas formaciones subdunares entre las cuales se integran las bolsas de aparcamiento y picnic. Se concentran los ámbitos de equipamiento en los puntos de llegada de los cuatro viales de acceso, donde se interrumpe el frente dunar para la conexión fluida con la playa. La actuación se completa con la recuperación de los espacios lacustres de las malladas, lugares de cría de aves y especies acuáticas, que actúan como barreras limitadoras de penetración en el interior del bosque.

La propuesta de reposición del paisaje se basa en la geometría, entendida en su acepción etimológica de medición de la tierra. Diseñamos un módulo dunar básico que, maclado entre sí y orientado hacia el viento dominante, sirvió de pauta, en su agregación repetitiva, para formalizar el litoral. El sistema dunar crea una orografía ordenada de crestas y calderas, fijada mediante el empleo de “bardisses” de caña y barrón, cuyos estratos contienen plantaciones de numerosas especies vegetales autóctonas, distribuidas según alturas y orientaciones del médano. El viento, la lluvia y las mareas se encargarán de modificar y naturalizar las geometrías impuestas. Obra inconclusa puesto que, como toda actuación en el paisaje, precisa del tiempo.

FICHA TÉCNICA:
Autor: Alfredo Fernández de la Reguera
Colaboradores: Ignacio Salvans, Jordi Solé, Arancha Muñoz, Ignacio Gil
Dirección de obra: Alfredo Fernández de la Reguera, Ignacio Salvans y Jordi Solé (arquitectos), Ignacio Gil, Francisco Solves, Antonio Vizcaíno
Constructor: UTE Necso, SA, Torrescámara y Cía. de Obras, SA
Emplazamiento: Dehesa de El Saler, Valencia, España
Proyecto: 1995
Construcción: 1997-

Development of the Albufera coastline, Dehesa de El Saler, Valencia, Spain

Between land and sea, two kinds of frontier are frequent: dunes and dikes. The first usually corresponds to a complex mechanism, a result of the combining of sediments brought down by the rivers to the sea, of wave action and of wind. The second is a human intervention, a concrete barrier imposed on nature in order to use and master it.

La Dehesa de El Saler forms part of the natural defenses blocking off Valencia's La Albufera National Park from the sea.

*The tourist development plans of the 1960s initiated the urbanization of this coastline. The first intervention consisted in razing the sandbar's ecosystem, made up of pinewoods and bogs, dunes, counter-dunes and water-filled depressions (*mallades*), with their characteristic biodiversity. In their place a dike was erected, a raised walkway on concrete walls. Next to it, huge asphalted esplanades were laid out for apartments, roads and parking lots.*

Faced with this reality, the project grapples with the twin (and contradictory) objective of reestablishing the natural section of the region's ecosystem and making this compatible with the strong tourist pressure that its proximity to the city of Valencia and its greater metropolitan area brings. The intervention has consisted in demolishing the existing dike-walkway and substituting it by a front row of dunes, made up of a primary dune, a counter-dune and a secondary dune, established via autochthonous vegetation of a particular kind. The extreme vulnerability of this system entails limiting passage through it by means of controlled access. The existing traffic routes have been eliminated and the footpath unfolds in the area between the dunes.

The dismantling of the asphalted surfaces and other services for the housing estates has given rise to new sub-dunar formations, between which the reduced parking and picnic areas are integrated. The amenity areas are concentrated in the arrival points of the four access roads, where the dune frontage is interrupted to provide fluid connection with the beach. The intervention is rounded off with the recuperation of the watery spaces of the mallades*, breeding areas for birds and aquatic species, which act as barriers limiting penetration into the woodland.*

The landscape recovery scheme is based on geometry, understood in its etymological sense of "measuring the earth". We designed a basic dunar module which, combined and oriented towards the dominant wind, served as a guide, in its repetitive aggregation, for formalizing the coastline. The dunar system creates an ordered orography of crests and craters, held in place by the use of bardisses *of cane and beach grass, and whose alternating layers contain plantings of many different local plant varieties, distributed according to the height and orientation of the dune. The wind, rain and tides will take charge of modifying and naturalizing the imposed geometries. This is an inconclusive work, given that, as in any landscape intervention, time is of the essence.*

TECHNICAL DATA:
Author: Alfredo Fernández de la Reguera
Collaborators: Ignacio Salvans, Jordi Solé, Arancha Muñoz, Ignacio Gil
Construction management: Alfredo Fernández de la Reguera, Ignacio Salvans & Jordi Solé (architects), Ignacio Gil, Francisco Solves, Antonio Vizcaíno
Builder: UTE Necso, SA, Torrescámara y Cía. de Obras, SA
Location: Dehesa de El Saler, Valencia, Spain
Project: 1995
Construction: 1997-

Ordenación del frente litoral de la Albufera, Dehesa de El Saler, Valencia, España

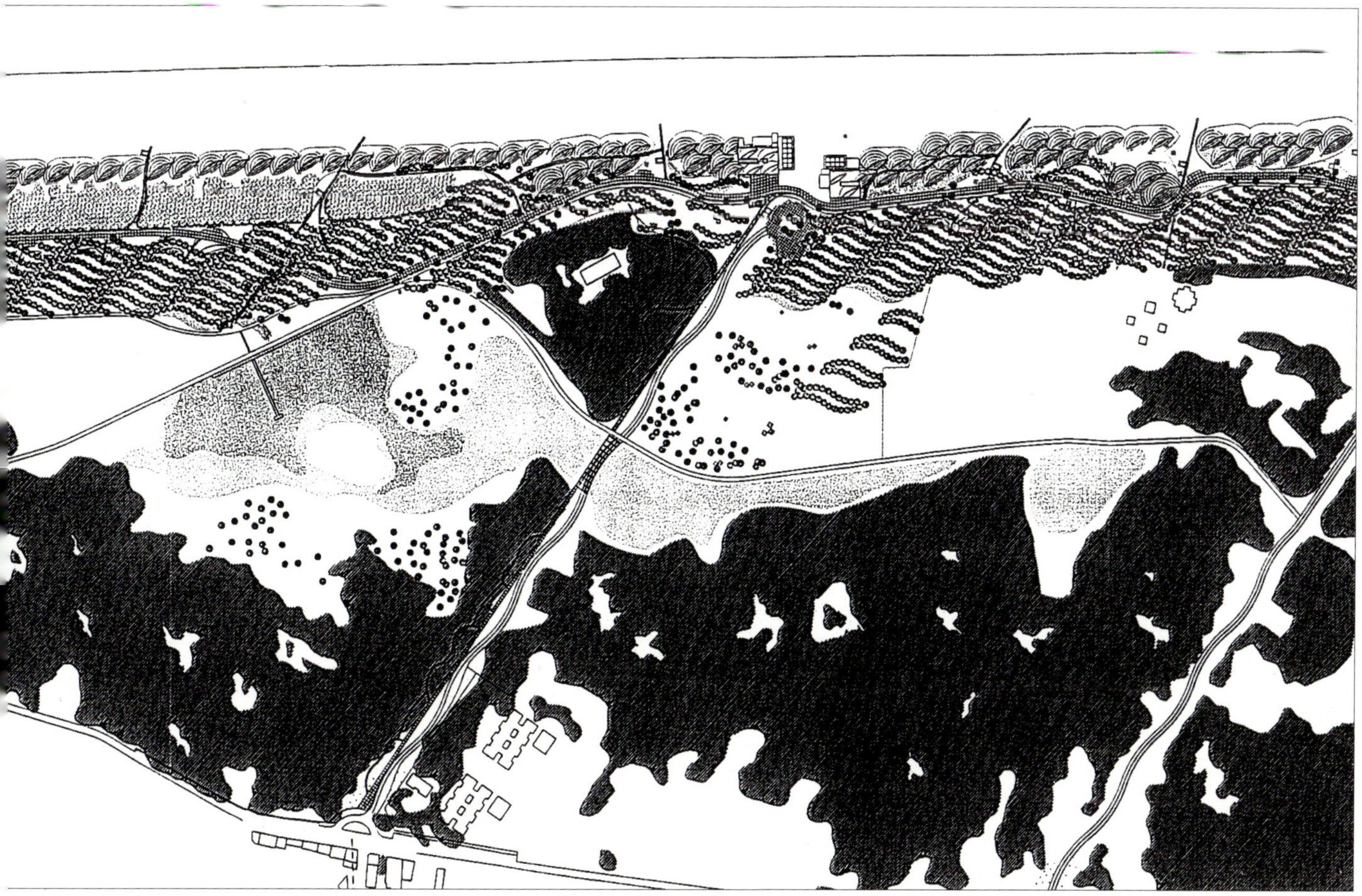

Development of the Albufera coastline, Dehesa de El Saler, Valencia, Spain

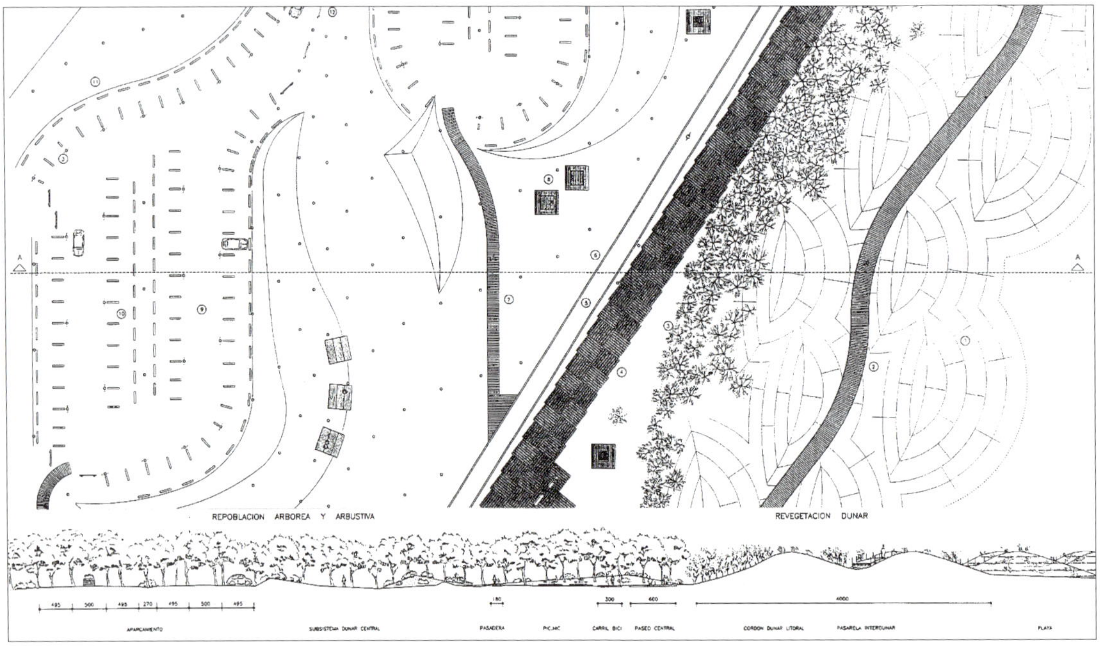

Ordenación del frente litoral de la Albufera, Dehesa de El Saler, Valencia, España

El proyecto induce a procesos naturales: retener sedimentos marinos, provocar procesos de acreción, si bien, en este caso, el fluido que transporta el material no es el agua sino el viento. Fernández de la Reguera, consciente de la complejidad de la tarea, se concentra en una geometría generadora sobre los factores ambientales naturales para evolucionar hacia una topografia viva, colonizada por vegetación y fauna. Los usos se alojan, agazapados, en los intersticios y, al contrario que en el paisaje desmantelado, se supeditan a la soberanía de un lugar que, lentamente, se reconstituye diponiendo las piezas y dejando que, inexorablemente, el tiempo y la naturaleza hagan el resto.

This project induces natural processes: to hold back marine sediments and provoke processes of accretion, even if here the element transporting the material is not water, but wind. Conscious of the complexity of the task, Fernández de la Reguera concentrates on a geometry generating natural environmental factors, and this so as to evolve towards a living topography colonized by vegetation and fauna. Hidden away, the uses are accommodated in the interstices and, in contrast to the denuded landscape, they are subordinate to the sovereignty of a location that slowly reconstitutes itself, removing the individual elements and letting time and nature do the rest.

Iñaki Alday, Margarita Jover y Mª Pilar Sancho

Recuperación del cauce y las riberas del río Gállego, Zuera, España

En la parte trasera de la población de Zuera, hasta ahora abandonada, encontramos tres terrazas, dos de ellas utilizadas como escombreras. Un paseo fluvial estructura la fachada este de Zuera, se asoma al río y, suavemente, desciende hacia un parque en una plataforma intermedia. En el nivel inferior se recupera el soto de ribera inundable, donde una excavación circular relaciona parque y soto. El proyecto intenta relacionar el río con la ciudad. Para ello se proponen distintas escalas de intervención:

1. Regeneración del agua y del soto de ribera

Clausura y sellado del vertedero, recogida y conducción de aguas residuales hacia la futura depuradora. Tratamiento de las zonas inundables mediante la restauración de la vegetación, recuperación de las escorrentías naturales y formación de filtros vegetales autodepurantes. Recuperación del corredor natural y de la isla como reserva natural.

2. Límite ciudad-río

Consolidación y protección del límite entre la ciudad y el río mediante una escollera y un talud vegetal. Una nueva fachada y nuevos accesos para conseguir un paseo fluvial como bisagra entre la ciudad y la ribera.

3. Nuevos usos y conexiones

Además de los espacios de ocio propios del parque y del paseo, se propone una variedad de usos –deportivos, didácticos, un observatorio sobre la isla, puntos de acceso a través del soto hasta el agua– siendo el mas significativo el espacio horadado de uso diario para la celebración de corridas de toros, espectáculos y festejos.

FICHA TÉCNICA:
Autores: Iñaki Alday, Margarita Jover y Mª Pilar Sancho (arquitectos), Conrado Sancho (ingeniero de caminos) y Jorge Abad (biólogo)
Colaboradores: Pablo Alós, Montserrat Escorsell, Mª Dolores Sancho, Anna Planas, Joaquín Arroyo, Vicente Felipe
Cliente: Ayuntamiento de Zuera, Confederación Hidrográfica del Ebro
Superficie: 16,8 hectáreas
Constructor: Corviam, SA
Emplazamiento: Zuera, Zaragoza, España
Proyecto: 1999
Construcción: 2000-2001

Rehabilitation of the watercourse and banks of the River Gállego, Zuera, Spain

In the back part of the town of Zuera, hitherto abandoned, we encounter three terraces, two of them used as rubbish dumps. A tree-lined walk structures the eastern face of Zuera, leans out over the river and gently descends towards a park on an intermediary shelf. On the lower level we recuperate the floodable riverside coppice, in which a circular excavation relates park and coppice.

The project attempts to relate the river to the town. To do this, different scales of intervention are proposed:

1. Regeneration of the water and of the riverside coppice

Closing and sealing off of the dump, collecting and conducting of residual water to the future purifying plant. Treatment of the floodable areas by restoring the vegetation, recuperation of natural runoffs and formation of self-purifying vegetal filters. Rehabilitation of the natural corridor and island as a nature reserve.

2. Town-river boundary

Consolidation and protection of the boundary between the town and the river by means of a jetty and a vegetal bank. A new frontage and new access routes to provide a tree-lined walk as a hinge between the town and the riverside.

3. New uses and connections

Aside from the specific recreational spaces of the park and the walkway, we propose a variety of uses –sports, didactic events, an observatory on the island, access points via the coppice to the water–, the most important of which is the perforated space for the everyday holding of corridas*, shows and public festivities.*

TECHNICAL DATA:
Authors: Iñaki Alday, Margarita Jover y Mª Pilar Sancho (architects), Conrado Sancho (civil engineer) & Jorge Abad (biologist)
Collaborators: Pablo Alós, Montserrat Escorsell, Mª Dolores Sancho, Anna Planas, Joaquín Arroyo, Vicente Felipe
Client: Ayuntamiento de Zuera, Confederación Hidrográfica del Ebro
Surface area: 16,8 hectares
Builder: Corviam, SA
Location: Zuera, Zaragoza, Spain
Project: 1999
Construction: 2000-2001

El proyecto se adapta a un fenómeno cíclico –las avenidas del río– proyectando espacios "esponjosos" que, aún siendo tierra, se vuelven susceptibles de ser ocupados alternativamente por la dinámica fluvial. Resulta evocadora aquí la idea de los espacios de soberanía que señalábamos al introducir conceptos ecológicos. Todo el sistema de infraestructuras de servicios para las corridas de toros refleja de forma acertada la flexibilidad frente a la previsible invasión de las aguas. De hecho, la presencia de las avenidas es la que va marcando decisiones de orientación y de forma. Los autores actúan de acuerdo con la dinámica del territorio sobre el que intervienen, sin que por ello haya de excluirse la "artificialización" del espacio.

This project adapts to a cyclical phenomenon –the flooding of the river– by planning "porous" spaces that, albeit of earth, are capable of being alternately occupied by the river dynamic. The idea is reminiscent, here, of the sovereign spaces we were stressing when introducing notions of ecology. The whole infrastructure of services for the *corridas* judiciously reveals a certain flexibility concerning the predictable invasion of the waters. In fact, the presence of the flooding is what gradually determines decisions about orientation and form. The authors act in accordance with the dynamic of the territory on which they intervene, without, for all that, having to forego the "artificialization" of the space.

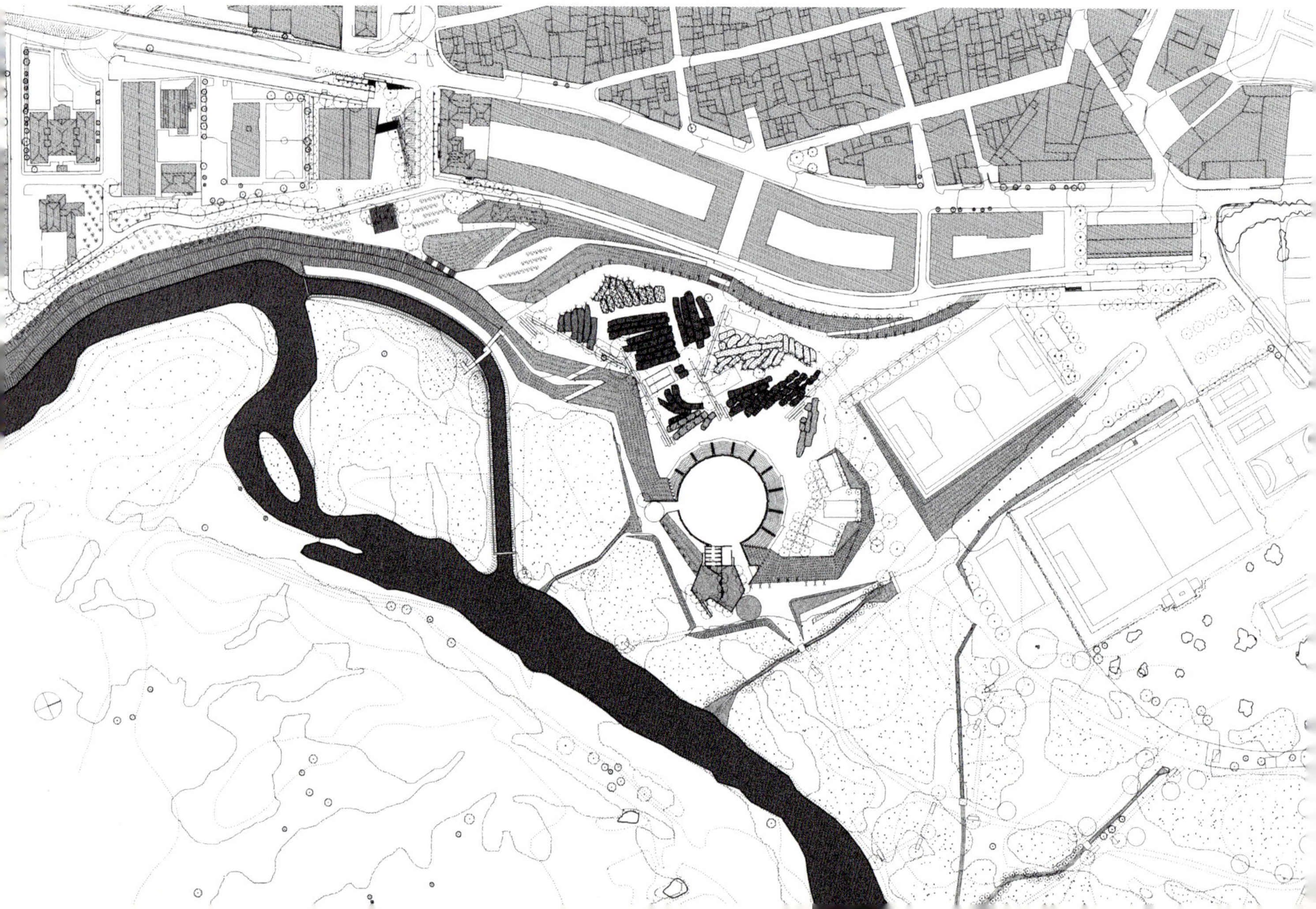

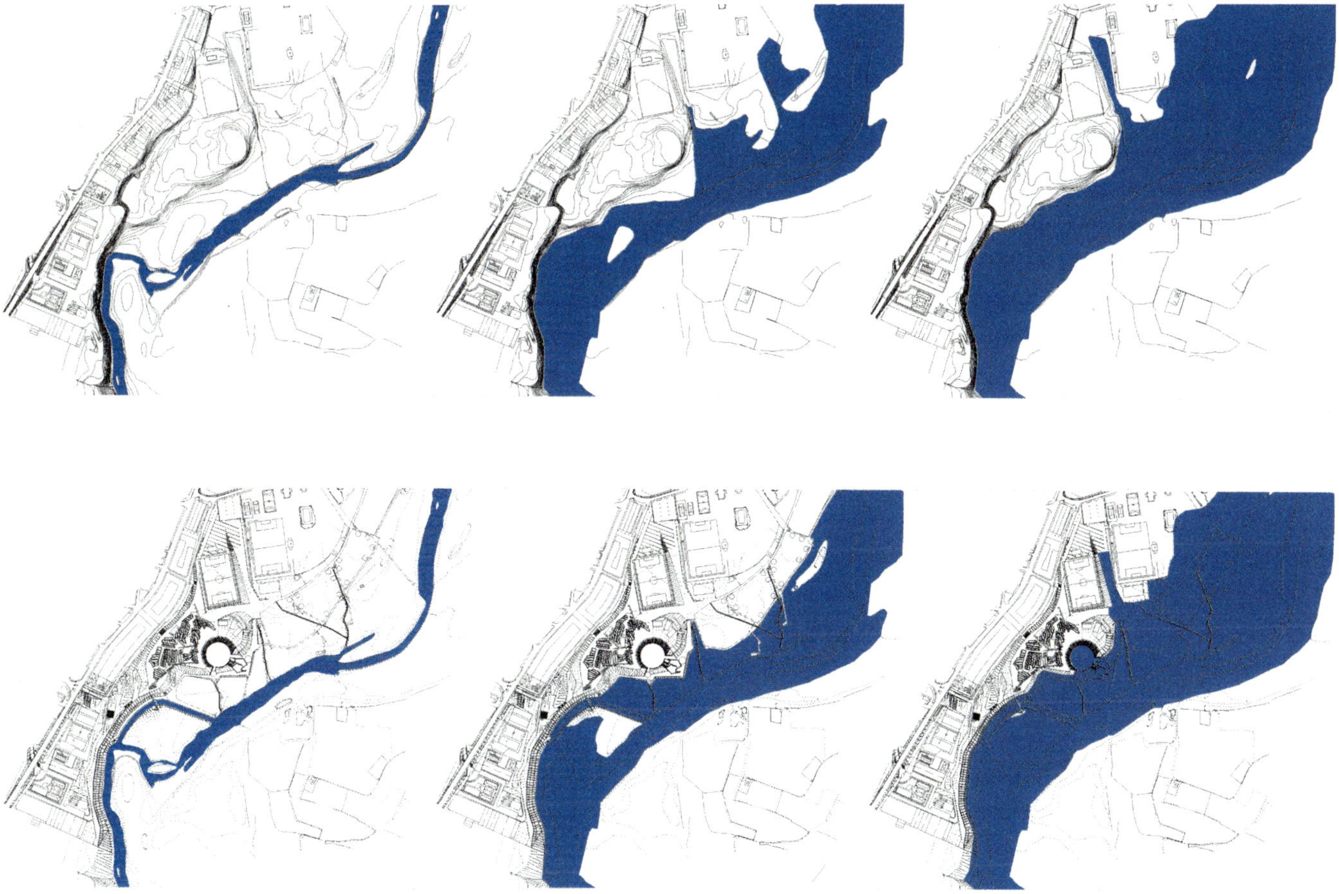

Hargreaves Associates

Parque cultural Candelstick Point, San Francisco, EE UU
Parque fluvial del río Guadalupe, San Jose, California, EE UU
Plan director de la ribera de Louisville, Kentucky, EE UU

Hargreaves Associates

Candelstick Cultural Park, San Francisco, USA
Guadalupe River Park, San Jose, California, USA
Louisville Waterfront Master Plan, Kentucky, USA

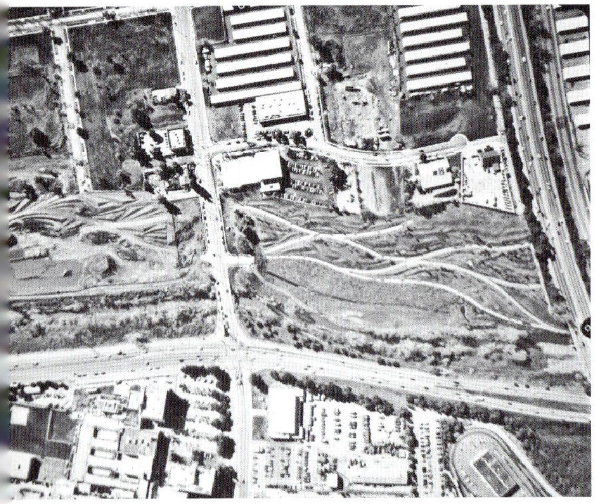

Hargreaves Associates materializan una reflexión explícita de la posición "al lado de", la naturaleza de los lugares y sus elementos contiguos. Estos tres proyectos afrontan programas de prevención/correción de impactos ambientales: la protección ante las crecidas fluviales en el caso de San José, el límite agua/tierra del frente fluvial de Louisville y la recuperación de antiguos vertederos en el parque al borde marítimo en la bahía de San Francisco.

El parque fluvial del río Guadalupe desarrolla complejos programas donde el diálogo se establece entre la ciudad y su límite fluvial –entendido como sistema ambiental complejo–, y una atención especial a las formas de apropiación cultural y a los usos sociales del espacio de interfaz.

El parque cultural de Candelstick Point se sitúa sobre antiguos vertederos como un "ecorevelatory design". Los procesos ambientales que emergen del paisaje son parcialmente naturales y tecnológicos, si bien todos se tratan desde una óptica eminentemente culturalizante.

La topografía –dunas en un caso y montículos en otro– es a la vez adaptación y resistencia al viento; la formación de pórticos de viento –sonoros en Cadelstick– forman parte de la forma peculiar de la "eco-revelación" de Hargreaves Associates. La habilitación de espacios desde donde mirar el entorno son una constante en todos los proyectos, hecho que remite al papel de las interfaces como posiciones privilegiadas para la comprensión del paisaje y como lugares que acumulan información.

Hargreaves Associates give material form to an explicit vision of "alongside", of the nature of places and their contiguous elements. These three projects confront programs for preventing/correcting environmental impact: protection from river flooding in the case of San Jose, the water/land boundary of the Louisville waterfront, and the recuperation of former rubbish tips in the seafront park on San Francisco Bay.

The Guadalupe River Park undertakes complex programs in which dialogue is established between the city and its river boundary understood as a complex environmental system, and particular attention given to forms of cultural appropriation and the social uses of the interfacing space.

Candelstick Point Cultural Park is sited on top of a series of former rubbish dumps as an "eco-revelatory design". The environmental processes arising from the landscape are partly natural and partly technological, even though all are treated from an eminently cultural point of view.

The topography –dunes in one instance and hillocks in another– both adapts to and resists the wind; the formation of "windgates" (sound-filled in Candelstick) forms part of the unusual shape of Hargreaves Associates' "eco-revelation". The habilitation of spaces to view the surroundings from is a constant in all these projects, a fact having to do with the role of interfaces as privileged positions for understanding the landscape and as locations which accumulate information.

Parque cultural Candelstick Point, San Francisco
Situado en el borde de la ciudad, sobre terrenos de relleno frente a la bahía de San Francisco, constituye un significativo emplazamiento industrial de *72,846* m^2, azotado por el viento.
Los elementos dominantes incluyen el viento y el agua, vistas de los barcos y de los muelles, y pruebas evidentes de las capas de relleno que hay debajo. A partir de estas imágenes se desarrolló un lenguaje para el emplazamiento, que sirviera para la articulación detallada del lugar: las dunas, la llanura y el agua.
La entrada principal al parque se realiza a través de una "puerta de viento" hendida en un montículo. La entrada se sitúa en el eje de los vientos dominantes, vientos que intensifican la experiencia de la entrada al empujar con fuerza al usuario que penetra en el parque. Los muros de la entrada tienen incorporados unos tubos de órgano que suenan con el viento, anunciando así su llegada y la de los paseantes. Un largo plano inclinado limitado a ambos lados por agua, la encauza hacia la bahía. Estos canales introducen la línea de costa dentro del parque e intensifican la experiencia tanto de las mareas como de los animales y plantas que dependen de ellas. Los bordes de los canales están construidos con gaviones rellenos de escombros que perfilan y subrayan la inclinación de la zona de césped central. Un paseo de hormigón refuerza aún más esta geometría que culmina en un mirador. Una serie de formaciones en duna crean una secuencia de áreas al abrigo del viento, en las que la gente puede optar entre sentarse o hacer picnic.

FICHA TÉCNICA:
Autores: Hargreaves Associates
Colaboradores: Mark Mack (arquitecto), Dough Dollis (artista) y Chin & Hensolt (ingenieros)
Emplazamiento: San Francisco, California, EE UU
Superficie: 73.000 m^2
Promotor/cliente: Office of the State Architect Department for Parks, Recreational California Arts Council
Proyecto: 1991
Construcción: 1993

Candelstick Cultural Park, San Francisco
Located at the edge of the city on landfill facing the San Francisco Bay, this highly expressive 72,846 m^2 site is windswept and industrial. Dominant elements include wind and water, views of ships and docks, and abundant evidence of the layers of fill below. From these images a language of location was developed which is employed in the detailed articulation of the place: the dunes, the plane, the water.
The main entry to the park is through a "windgate" that cuts through a mound. The entry is positioned on the axis of the prevailing winds; the winds intensify the entry experience by blowing the participant into the park. The entry walls have wind-activated organ pipes within them, announcing the arrival of wind and walkers. A long, inclined plane bounded on each side by water channels towards the Bay. These channels bring the shoreline into the park and, in doing so, amplify the experience both of tides, and of the plants and animals dependent upon them. The edges of the channels are built of rubble-filled gabions that outline and emphasize the tilt of the central grassy field. A concrete walk further reinforces this geometry, culminating in a lookout. A series of wind-dune forms create a number of wind-sheltered yet open areas in which people may choose to picnic or sit.

TECHNICAL DATA:
Authors: Hargreaves Associates
Collaborators: Mark Mack (architect), Dough Dollis (artist), and Chin & Hensolt (engineers)
Surface area: 73,000 m^2
Sponsor/client: Office of the State Architect Department for Parks, Recreational California Arts Council
Location: San Francisco, California, USA
Project: 1991
Construction: 1993

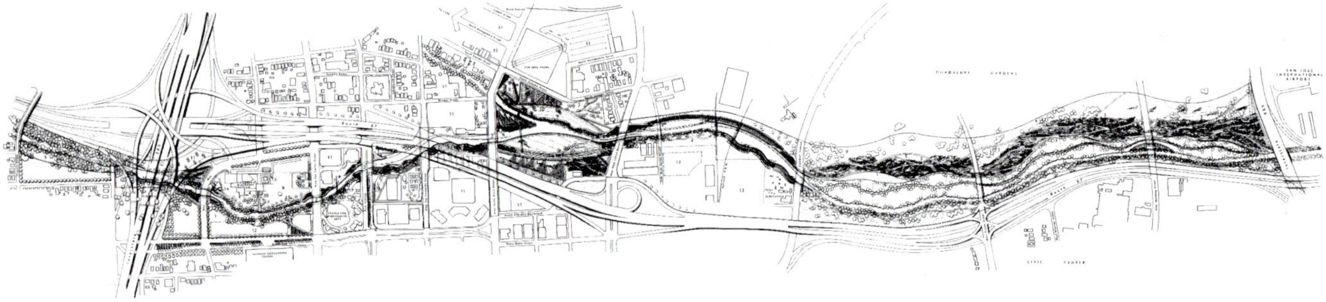

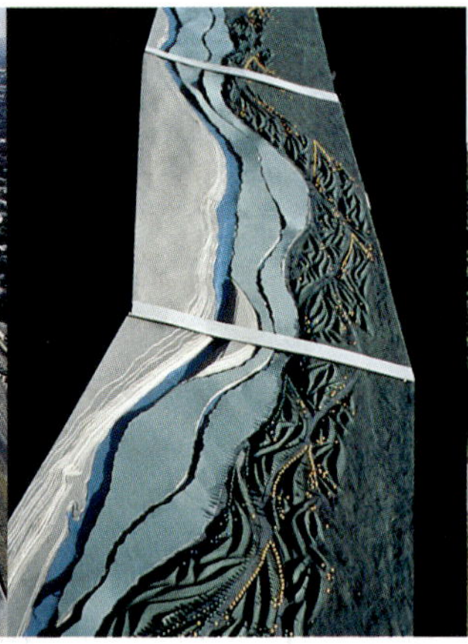

Parque fluvial del río Guadalupe, San José, California
Este parque, de cerca de cinco kilómetros de longitud, en el centro de San José, es un proyecto del Cuerpo de Ingenieros de la Armada para el control de las crecidas. El plan original del Cuerpo habría confinado sencillamente al río en un canal construido con grava y hormigón. El objetivo era controlar las crecidas, crear hábitats para la población de la zona y para la fauna y flora natural, transformar el río en una lugar de esparcimiento y contribuir al regeneración del centro de San José, creando una referencia positiva para la ciudad en conjunto. Hargreaves Associates desarrolló, junto con un equipo de asesores medioambientales y en coordinación con el Cuerpo de la Armada, la propuesta del proyecto final.
El parque se desarrolló en dos niveles: la base del proyecto consiste en el plan de clasificación del canal de control de las crecidas en sí mismo, y proporciona la espina dorsal a los espacios abiertos que serán desarrollados paulatinamente a lo largo del canal en el futuro. Las instalaciones principales están ubicadas a lo largo y dentro del parque del río, e incluyen el Museo de los Niños y un estadio plurifuncional. Estas instalaciones y otras ubicaciones clave a lo largo del río han servido de inspiración para proyectar una serie de plazas, terrazas y otros "acontecimientos" en espacios abiertos, que salpican el curso del río a medida que éste se abre camino hasta la ciudad.
El parque del río Guadalupe proporciona instalaciones de recreo en una gran variedad de emplazamientos que van desde lo urbano a la ribera natural. El proyecto materializa un esfuerzo por encontrar un equilibro entre la estética, las preocupaciones medioambientales y las medidas de control de las crecidas, con el objetivo de crear un entorno de notable interés que tenga un significado específico para el emplazamiento, para el uso del río y para aquellos que lo utilizan.

FICHA TÉCNICA:
Autores: Hargreaves Associates
Colaboradores: Jones Partners
Emplazamiento: San José, California, EE UU
Longitud: 4,8 kilómetros
Proyecto: 1996
Construcción: 1997

Guadalupe River Park, San Jose, California
This three-mile-long linear park in downtown San Jose is an Army Corps of Engineers Flood Control project. The Corp's original plan would simply have confined the river in a channel made of riprap and concrete. The aim was to control floods, create habitats for people and wildlife, transform the river into an amenity and contribute to the renaissance of downtown San Jose, creating a positive focal image for the city as a whole. Hargreaves Associates, together with a team of environmental consultants in coordination with the Corps, developed the final design approach.
The park evolved on two levels: the underlay consists of the grading plan for the Flood Control channel itself, and provides the underlying structural spine to open spaces to be developed along the channel over time. Major facilities that are sited along and within the River Park include the Children's Museum and the multipurpose arena. These facilities and other key locations along the river have inspired the design of a series of plazas, terraces and open space "events" that punctuate the course of the river as it makes its way to the city.
The Guadalupe River Park provides recreational opportunities in a diversity of settings, ranging from highly urban to natural riparian. The design strives to balance aesthetics, environmental concerns, and flood control measures with the goal of creating a memorable environment that has meaning specific to the place, the river's use, and the park users.

TECHNICAL DATA:
Authors: Hargreaves Associates
Collaborators: Jones Partners
Length: 4.8 kilometers
Location: San Jose, California, USA
Project: 1996
Construction: 1997

Plan director de la ribera de Louisville

Este proyecto implicaba el estudio de un proyecto marco, un plan director y un proyecto para el desarrollo de la ribera del centro de Louisville, con una superficie de 50 hectáreas. El esfuerzo del plan director implicaba un programa de desarrollo, así como un proyecto conceptual y esquemático.

A través de un proceso de proyecto público, abierto e interactivo, se desarrolló un concepto de plan director flexible y sólido –un concepto que puede llevarse a cabo a lo largo del tiempo para servir de guía al nuevo desarrollo–. El plan director establece un diálogo entre los procesos del río y los de la ciudad, redefiniendo el contexto de la ribera urbana y su relación con la actividad urbana tradicional.

Una plaza pública principal a la orilla del río albergará festivales, así como a sus usuarios cotidianos, y proporcionará un punto de desembarque para los grandes barcos fluviales que navegan por el río Ohío. Se proyectó una instalación de agua en la plaza como expresión abstracta de la fundación histórica de Louisville y su pasado comercial. La pieza central del plan director es la gran zona de césped de 56.658 m^2, que sirve como anfiteatro informal y ensambla al río dentro de un gran espacio de encuentro público. La gran zona de césped vuelve a introducir la imagen del río en el corazón del centro urbano y en la conciencia de la ciudad. El parque lineal es expresión de fenómenos naturales y culturales específicos del pasado de Louisville, al tiempo que reivindica para la naturaleza antiguos terrenos industriales abandonados. El proyecto crea espacios únicos para el esparcimiento activo y pasivo, y permite una interacción entre el paisaje, la ciudad y el río Ohío.

FICHA TÉCNICA:
Autores: Hargreaves Associates
Emplazamiento: Louisville, Kentucky, EE UU
Superficie: 50 hectáreas
Proyecto: 1988
Construcción: 1997

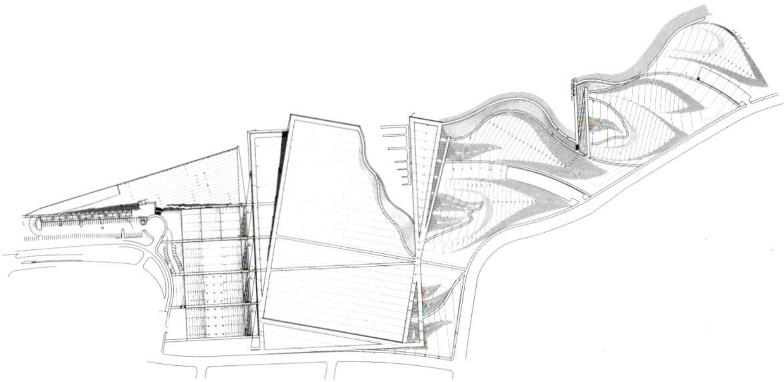

Louisville Waterfront master plan

This project entailed an urban framework design study, master planning and design for the development of 485,640 m^2 of Louisville's downtown public waterfront. The master planning effort involved development programming as well as conceptual and schematic design.

Through an open and interactive public design process, a flexible and powerful master plan concept was developed –a concept that can be realized over time to guide new development. The master plan creates a dialogue between city and river processes, redefining the context of the urban waterfront park and its relation to traditional urban activity.

A major public plaza on the riverbank will accommodate festivals and daily users, and will provide a disembarkation point for the large riverboats that navigate the Ohio. A major water feature at the plaza was designed as an abstract expression of Louisville's historic foundation and commercial past.

The centerpiece of the master plan is the 56,658 m^2 Great Lawn, which serves as an informal amphitheater and engages the river with a major public gathering space. The Great Lawn pulls the image of the river back into the heart of downtown and the consciousness of the city. The Linear park expresses natural and cultural phenomena specific to Louisville's past while reclaiming abandoned industrial lands for nature. The design creates unique spaces for active and passive recreation and allows direct interaction between the landscape, the city and the Ohio.

TECHNICAL DATA:
Authors: Hargreaves Associates
Surface area: 50 hectares
Location: Louisville, Kentucky, USA
Project: 1988
Construction: 1997

Piscina natural El Guincho, San Miguel, Tenerife, España

El gran charco-piscina pública natural reflejado en esta propuesta es similar a otras actuaciones que, tradicionalmente, se han realizado en otros lugares del litoral de las islas Canarias. En el año 1998 se construye, en la costa del Guincho (al sur de Tenerife), una piscina natural y el acondicionamiento de sendas y plataformas de llegada a la zona de baño. Para determinar la forma de esta piscina elíptica se han estudiado el movimiento de las mareas y el empuje máximo del mar. Asimismo, se ha buscado el lugar de ubicación entre dos masas rocosas, donde el charco se adapta y respeta al máximo la formación geológica natural del terreno, asegurando la calidad del agua mediante una renovación continua y natural durante todos los días del año.
Este proyecto se formaliza por una simple línea que separa mar y mar. Un límite sutil que genera un espacio privilegiado en la superficie del agua donde la percepción del océano, casi en el mismo plano visual, proporciona la sensación de estar dentro y fuera de ese lugar en el mismo momento.
La línea se materializa mediante un gesto artificial claro, sin falsas mímesis naturalistas, pero en perfecta armonía con el paisaje. Esto se debe a la forma sinuosa de la elipse que se aleja y vuelve a reencontrarse con las ásperas rocas volcánicas y, también, al tratamiento vasto del muro de hormigón, hoy en día trabajado por la incesante labor del mar y del viento.

FICHA TÉCNICA:
Autores: AMP arquitectos (Artengo, Menis, Pastrana)
Colaboradores: Julián Galindo, Carlos de Marti
Emplazamiento: San Miguel, Tenerife, Islas Canarias, España
Cliente: Samitesa
Proyecto: 1986
Construcción: 1987

El Guincho natural swimming pool, San Miguel, Tenerife, Spain

The large, public, natural swimming pool (or "puddle", as the locals call it) revealed in this scheme is similar to other interventions traditionally undertaken on the Canary Islands coastline. In 1998, on the El Guincho coast in the south of Tenerife, a natural swimming pool was built, together with the refurbishment of pathways and decks for reaching the bathing area. In order to determine the form of this elliptical swimming pool, the movements of the tides and the maximum pressure of the sea were studied. Likewise, its ideal siting between two rocky masses was sought, a place where the pool could adapt to and respect the natural geological formation of the terrain, guaranteeing water quality by means of its continuous and natural renewal throughout the year.
This project is formalized by a simple line separating the sea. A subtle limit that generates a privileged space on the surface of the water, in which one's perception of the ocean, on almost the same visual plane, gives the sensation of being simultaneously inside and outside the spot. This line is materialized by a clearly artificial gesture, without phony naturalist mimesis, yet in perfect harmony with the landscape. This is due to the sinuous form of the ellipse, which goes and returns to meet the jagged volcanic rocks, and also to the massive treatment of the concrete wall, today eroded by the incessant workings of sea and wind.

TECHNICAL DATA:
Authors: AMP Architects (Artengo, Menis, Pastrana)
Collaborators: Julián Galindo, Carlos de Marti
Client: Samitesa
Project: 1986
Construction: 1987

Bajo una apariencia de naturalidad e integración en el entorno por la textura envejecida de la piedra negra y el aspecto de dique portuario, el proyecto crea y mantiene un espacio que, desde la perspectiva del entorno natural en que se inscribe, es literalmente imposible. Retranquear un poco el rompiente de las olas permite amansar un espacio inaccesible en el mar bravo. Estas piscinas son un buen ejemplo de la compleja relación entre apariencia, verosimilitud y realidad ambiental.

Beneath an appearance of naturalness and integration within the surroundings, due to the aged texture of the black stone and the jetty-like look it has, this scheme creates and maintains a space that, from the perspective of the natural environment in which it is inscribed, is literally impossible. The act of slightly setting back the breaking of the waves enables us to penetrate a space in which the rough sea appears beyond reach. These swimming pools are a good example of the complex relationship between appearance, verisimilitude and environmental reality.

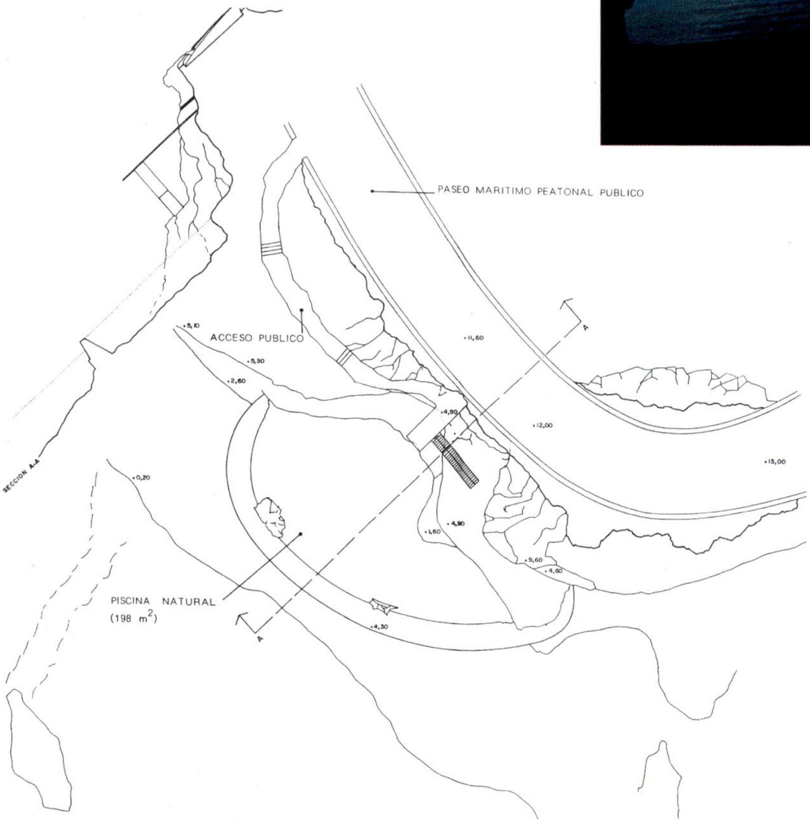

Piscina natural El Guincho, San Miguel, Tenerife, España

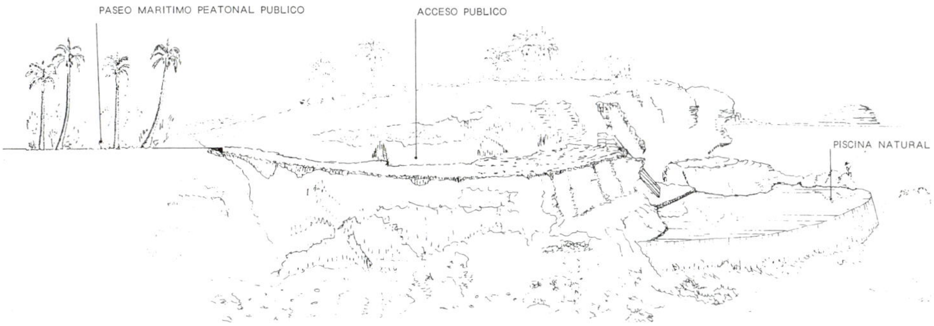
PASEO MARITIMO PEATONAL PUBLICO
ACCESO PUBLICO
PISCINA NATURAL

Paseo marítimo de Torrevieja, Alicante, España

El desmesurado crecimiento de Torrevieja ha llegado demasiado cerca del mar. La voluntad del Ayuntamiento era dar forma a un espacio que corrigiera la escasez de espacio lúdico y la excesiva densidad de usuarios en el frente marítimo.

El fuerte oleaje y lo abrupto de las rocas dificulta el baño en el mar.

Se opta por alargar los dos espigones, lo que permite al mismo tiempo construir dos piscinas para los pequeños, lugares de baño y solarios. Estos espigones conducen el paseo hacia el mar y dan lugar, así, al espacio que parecen pedir los bloques, excesivamente altos y excesivamente cercanos al mar.

Con ello se pretende corregir no sólo la relación del número de personas respecto al espacio disponible, sino también la sección de la ciudad frente el mar.

Los espigones abrigan una zona de juegos en la que piscinas, luces y plataformas de madera se combinan trazando un dibujo en el mar, con la intención de convertir todo el frente marítimo en un lugar de juegos durante el día, y de paseo y estancia contemplativa durante las noches. Querríamos poder decir que hemos construido un jardín marítimo.

FICHA TÉCNICA:
Autora: Carme Pinós Desplat
Colaboradores: Juan Antonio Andreu, Javier Oliver, Patricia Juncosa, Miquel Alabi y Pedro Rodríguez
Ingenieros de costas: Europrincipia, Lim
Cliente: Ayuntamiento de Torrevieja
Emplazamiento: Torrevieja, Alicante, España
Superficie: 7.000 m^2
Constructoras: Torrevieja-Ute, Intersa, Abeconsa, La Generala
Proyecto: 1996
Construcción: 1999

Esplanade in Torrevieja, Alicante, Spain

Torrevieja's inordinate growth has meant that it has arrived too close to the sea. The ambition of the Town Council was to give form to an area that would correct the scarcity of recreational space and the excessive density of users along the esplanade.
The strong waves and steep rocks make sea-bathing difficult.
We opted for lengthening the two breakwaters, which allows us to construct two swimming pools for children, plus places for bathing and sunbathing. These breakwaters conduct the esplanade towards the sea, thereby giving rise to the space the blocks, which are excessively high and too close to the water, seem to call for.
With this we hope to correct not only the relationship of the number of people to the available space, but also the section of the town facing the sea.
The breakwaters give shelter to a play area in which the swimming pools, lights and wooden platforms join together to trace a design in the sea, the intention being to convert the whole seafront into a recreational space during the day, and a place for strolling and relaxing by night.
We would like to be able to say that we've constructed a seaside garden.

TECHNICAL DATA:
Author: Carme Pinós Desplat
Collaborators: Juan Antonio Andreu, Javier Oliver, Patricia Juncosa, Miquel Alabi, Pedro Rodríguez
Coastal engineers: Europrincipia, Lim
Client: Ayuntamiento de Torrevieja
Surface area: 7,000 m²
Builders: Torrevieja-Ute, Intersa, Abeconsa, La Generala
Location: Torrevieja, Alicante, Spain
Project: 1996
Construction: 1999

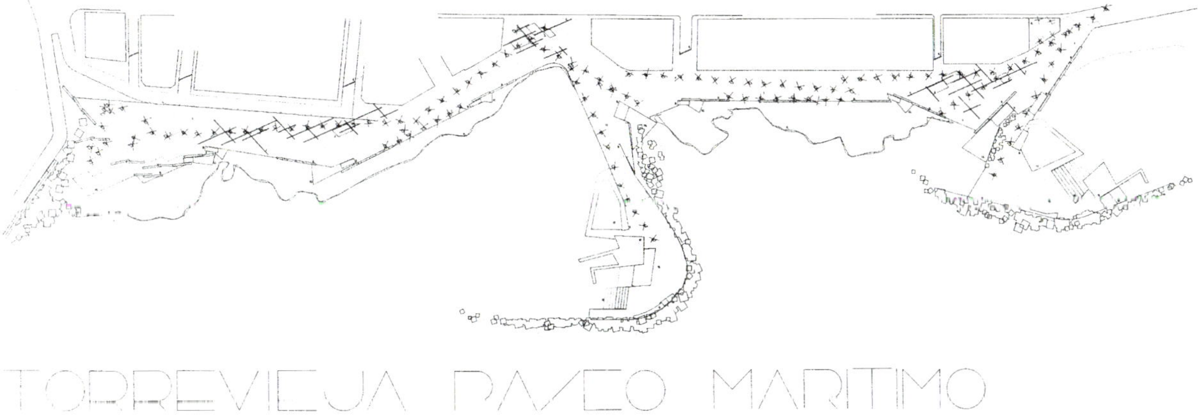

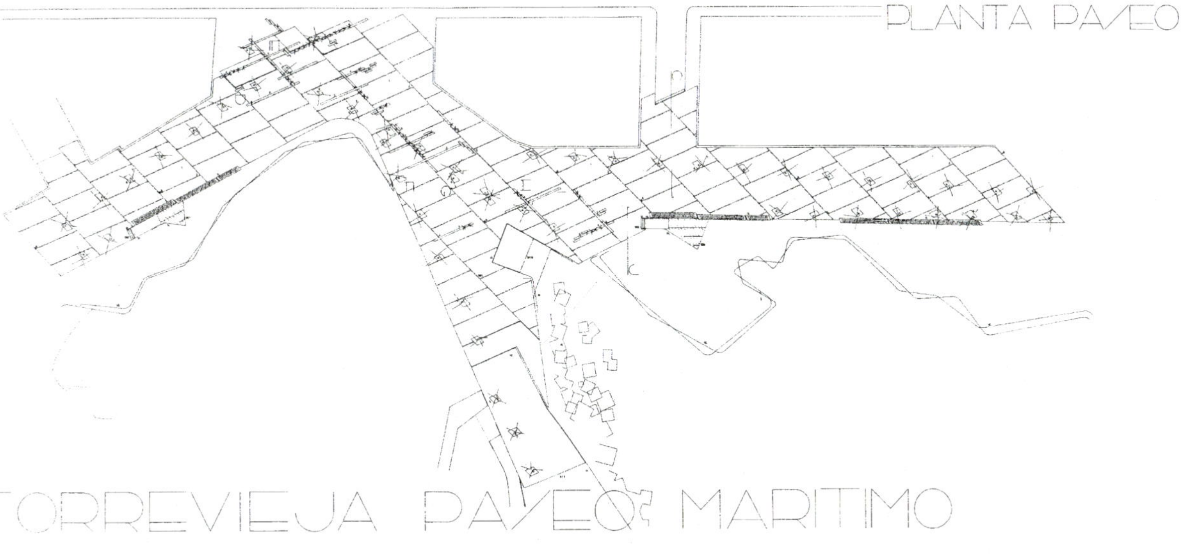

Esplanade in Torrevieja, Alicante, Spain

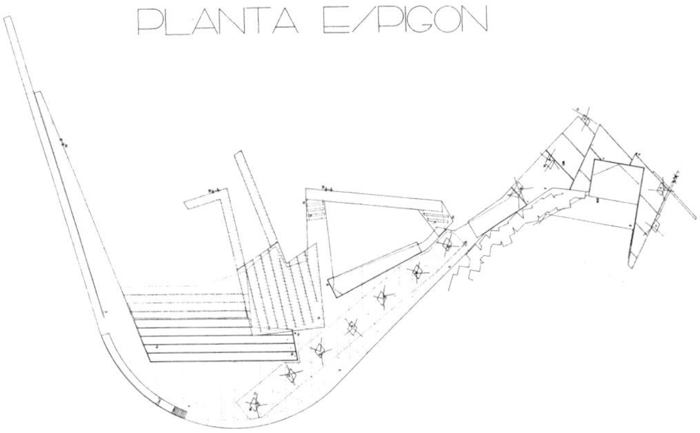

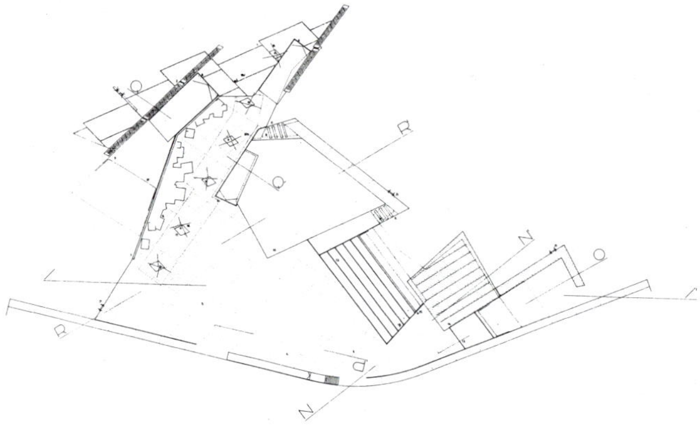

Es muy frecuente constatar, en los paseos marítimos de la costa española, un menosprecio de lo construido respecto de la roca que configura la costa y que provoca que esta última adquiera un aspecto sombrío, degradado, casi obsceno. Carme Pinós trata de conferir algo de delicadeza al brutal contacto entre la construcción y la línea de costa, mediante la relación que establece con la roca. Rompe la "brida" del paseo marítimo y permite que la roca emerja en algún punto. Se apoya apenas, respetuosamente, devolviéndole al menos algo de la dignidad perdida.

It's all too common to observe how, in Spanish seaside esplanades, the built has no respect for the rocks configuring the coast, something which results in the latter having a somber, degraded, almost obscene look to it. Carme Pinós attempts to confer a certain refinement on the brutal contact between construction and coastline by means of the rapport she establishes with the rock. She severs the "bridle" of the esplanade, enabling the rock to break through at a certain point. It is all but unsupported, and respectfully so, restoring to it something of its lost dignity.

PLANTA PASEO

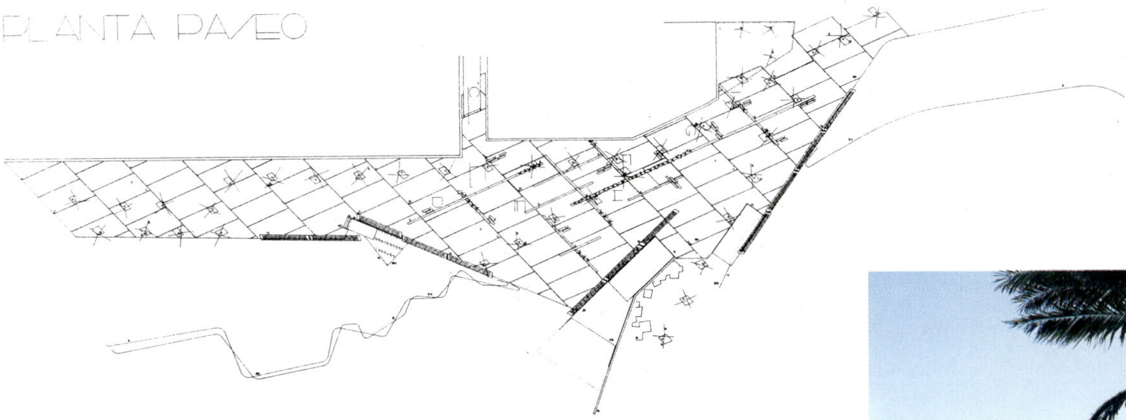

Carme Pinós

Pasarela en Petrer, Alicante, España

Unas ruinas de un acueducto, una zona rural degradada, una rambla seca, al fondo, unas montañas. Un suburbio sin ningún espacio público que lo identifique. Éste es el contexto donde se nos pide construir una pasarela peatonal. Más que una pasarela que una dos puntos, se pretende construir una zona de articulación entre el pueblo y el suburbio. Iniciamos el recorrido con la mirada hacia las montañas. A medio camino, sobre la plaza, nos dirigiremos hacia el pueblo. No queremos hacer de la zona un espacio urbano, más bien manchar el territorio para apropiarnos de él de forma más sutil.

La estructura está compuesta por tres arcos que se cruzan para sostener una plaza a mitad de recorrido. La inclinación del pavimento hará que nos sentemos con la mirada hacia las montañas. La estructura se levanta para construir una pérgola que protegerá nuestras espaldas. El pavimento es como una mancha de aceite que se derrama y provoca, al otro lado de la rambla, unos movimientos de tierra que formarán la fachada de la nueva plaza.

La actuación quiere ser unitaria; nada tiene la voluntad de ir por separado. Las luces se entremezclan con la madera de la pérgola, el pavimento cortado hace de asiento o se ondula, en un ejercicio de papiroflexia, para formar butacas. Siempre en los bordes, nunca como elementos añadidos.

FICHA TÉCNICA:
Autora: Carme Pinós Desplat
Colaboradores: Juan Antonio Andreu, Miquel Lluch, Jochem Schneider, Carlos Pascual, Miquel Llorens y Fabio Ferone
Emplazamiento: Petrer, Alicante, España
Clientes: Ayuntamiento de Petrer/Generalitat Valenciana
Superficie: 1,2 hectáreas
Constructora: Necso - Entrecanales Cubiertas
Proyecto: 1991
Construcción: 1997-1998

Carme Pinós

Footbridge in Petrer, Alicante, Spain

Some ruins of an aqueduct, a degraded rural area, a dry riverbed, in the background, some mountains. A suburb with no public space to identify it by: this is the context we're asked to construct a public footbridge in. More than a footbridge linking two points, we hope to construct an area of articulation between the village and the suburb. We begin the tour with our eyes on the mountains. Halfway across, over the piazza, we shall head towards the village. We want to make the area into an urban space, or rather to "stain" the territory and avail ourselves of it in a subtler way.

The structure is made up of three arcs that intersect and support a piazza midway along the trajectory. The slope of the paving will mean that we sit looking towards the mountains. The structure rises to form a pergola that will protect our backs. The paving is like an oil stain that spreads and leads, on the other side of the riverbed, to various earth-moving operations that will form the facade of the new piazza.

The intervention seeks to be unitary; it has no wish to be separate. The lights are intermingled with the wood of the pergola, the cut-off paving settles or undulates, origami-style, to form seats. Always at the edges, never as added elements.

TECHNICAL DATA:
Author: Carme Pinós Desplat
Collaborators: Juan Antonio Andreu, Miquel Lluch, Jochem Schneider, Carlos Pascual, Miquel Llorens, Fabio Ferone
Client: Ayuntamiento de Petrer/Generalitat Valenciana
Surface area: 1,2 hectáreas
Builder: Necso - Entrecanales Cubiertas
Location: Petrer, Alicante, España
Project: 1991
Construction: 1997-1998

Pasarela en Petrer, Alicante, España

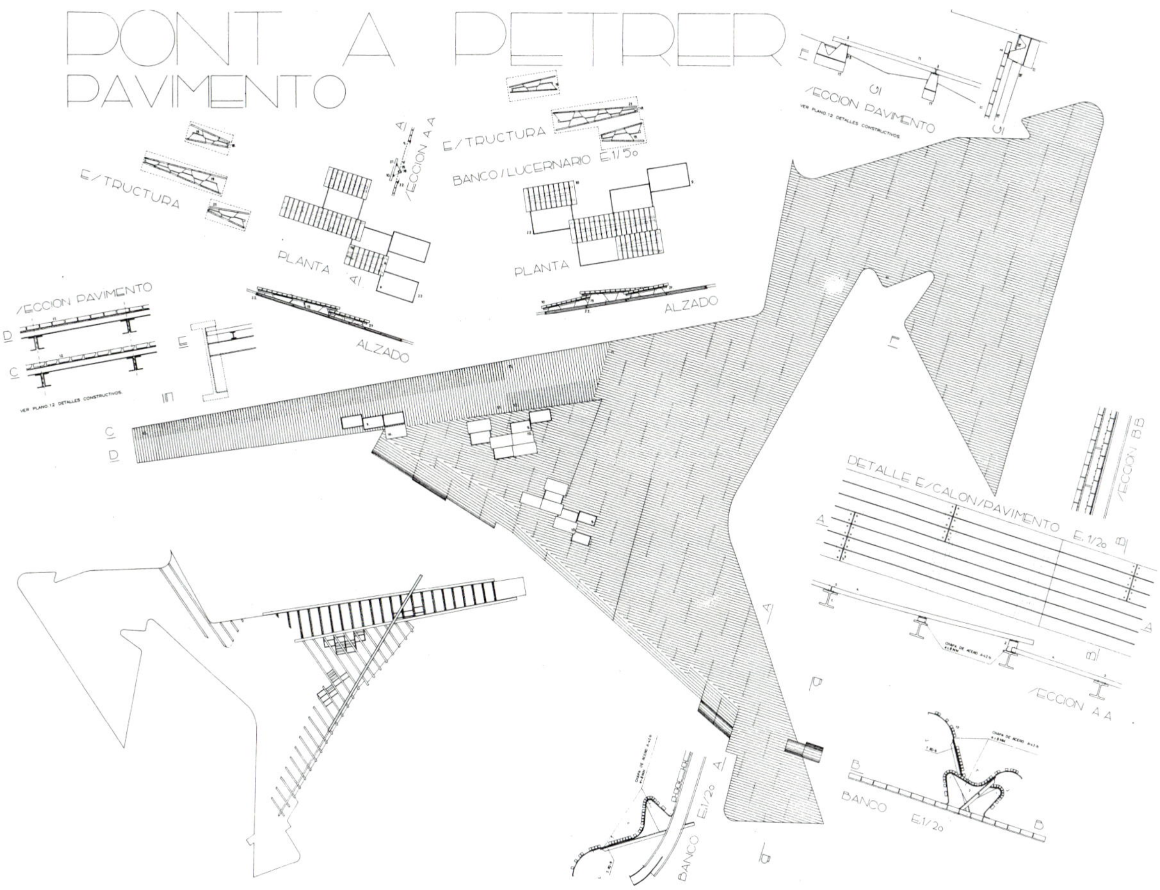
PONT A PETRER
PAVIMENTO
ESTRUCTURA
BANCO/LUCERNARIO E.1/50
PLANTA
ALZADO
SECCION PAVIMENTO
SECCION A A
DETALLE ESCALON/PAVIMENTO E.1/20
SECCION B B
BANCO E.1/20

Carme Pinós muestra una profunda comprensión del contexto real, no del pasado, del natural o del referido a alguna metáfora. Un proyecto duro, áspero: puro armazón. Parece haber "crecido" solo en el lugar, hasta un punto tal que habla su mismo lenguaje. Una forma insólita que cruza, y se sitúa sobre la rambla con la apariencia de algo natural. La plataforma explica, en sí misma, que una rambla no es río sino forma; forma de una ausencia que –paradójicamente– está siempre presente.

Carme Pinós displays a deep understanding of the real context, not that of the past, of the natural context, or of the one referred to some metaphor. A hard, tough project: all shell. It seems to have just "grown" in situ, to the point of speaking the selfsame language as the location. An unusual shape that crosses, and is positioned over, the riverbed, with the look of something natural. The platform explains, in itself, that a riverbed is not a river but a shape; the shape of an absence that, paradoxically, is always present.

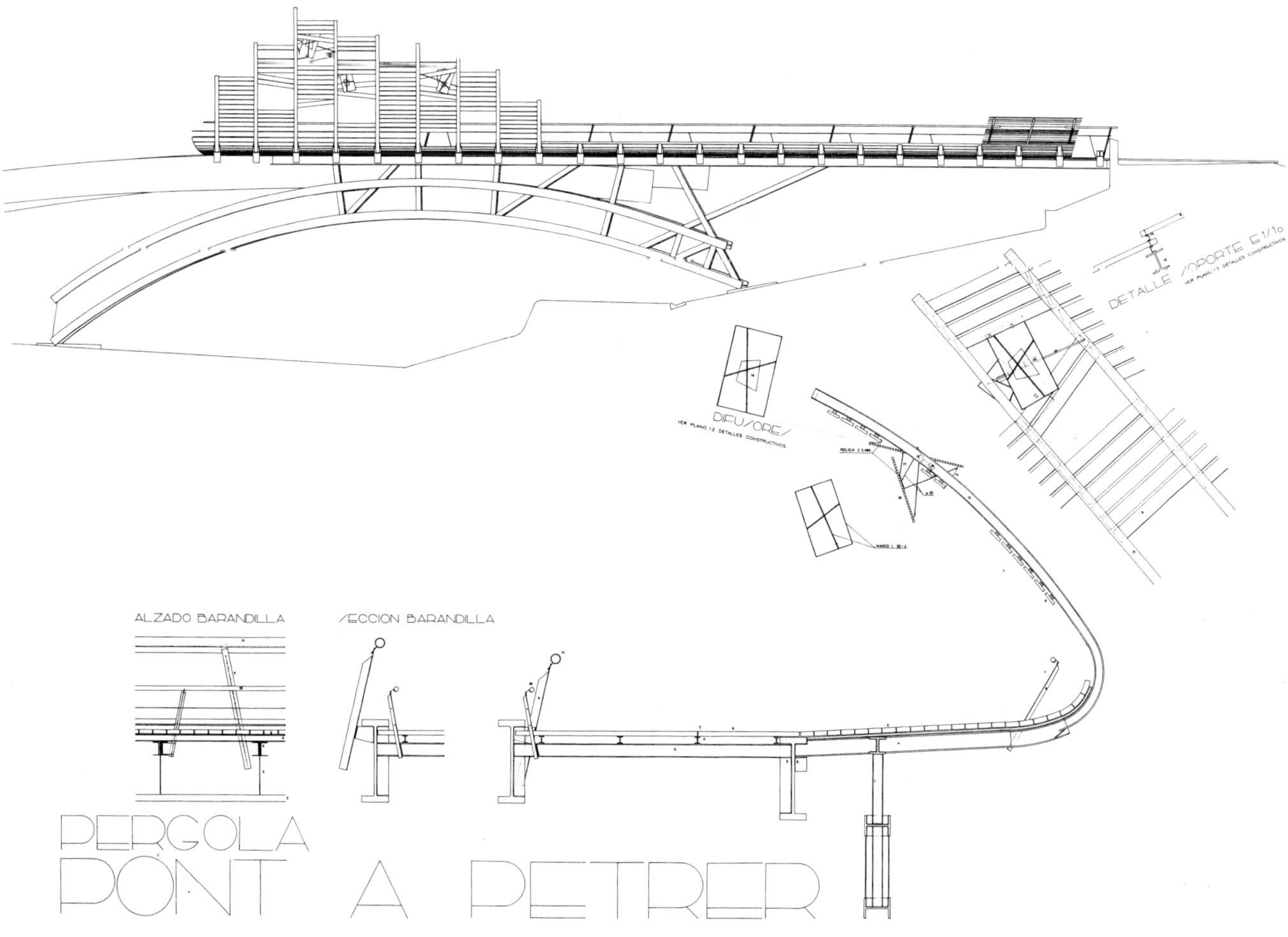

NATURALEZAS CULTURALES
CULTURAL KINDS OF NATURE

Parque de La Vall d'Hebrón, Barcelona, España

El área de trabajo tiene 37 hectáreas y forma un triángulo que tiene uno de sus vértices en la boca norte del túnel de la Rovira y el límite superior al pie de la montaña en el segundo cinturón de Barcelona; los otros lados están constituidos por viviendas construidas, en su mayoría, durante los años sesenta.

Este triángulo es el encuentro entre las estribaciones de la sierra prelitoral, a la cual pertenece el Tibidabo, con la llanura de la ciudad. De hecho, el proyecto se ubica en este punto de confluencia, entre el plano inclinado que se inicia en la playa (5 %) y la montaña que se le superpone.

El proyecto pretende establecer acuerdos entre el final de la montaña y el frente de la ciudad. Acuerdos que pasan por las relaciones entre la topografía y los trazados urbanos, entre lo que se considera natural y artificial.

El plan director que proponemos quiere volver a considerar las posibilidades de orden y racionalidad que ofrece una trama organizada aquí por tres geometrías, una unidad dimensional común y diferentes formaciones auxiliares.

La primera directriz esencial de la trama se establece compartiendo los rasgos característicos del marco geográfico: el sentido ortogonal a la línea de máxima pendiente del sector correspondiente a Collserola, seguida también por diversas preexistencias, como el paseo de La Vall d'Hebrón. La segunda directriz, la orientación norte/sur impuesta arbitrariamente en el Plan, responde a los requerimientos de planeidad obligatorios para espacios exteriores de competición olímpica.

Con estas dos directrices, básicamente se delimita el espacio mediante sucesivas plataformas, dedicadas a parque y a deportes, como un gran tapiz donde alternan áreas rectangulares de usos contrastados con recintos triangulares tensados entre las dos direcciones de la trama.

La dimensión vertical de la implantación, la subdivisión del desnivel de 70 metros desde un extremo del solar al otro en varios cortes horizontales, resulta en una separación de 3,5 metros entre plataformas de juego y de jardín, siendo esta medida un tercio de la altura de la fachada de las cocheras de metro preexistentes.

Esta enorme construcción –las cocheras de Sant Genis– de 220 metros de longitud y una cubierta de 220 x 80 metros, destinada al alojamiento y reparación de trenes, queda integrada en la ordenación al ritmo de las sucesivas terrazas mediante la modulación de 3,5 metros. La distancia de 7,75 metros entre pilares de la fachada se toma como segunda unidad dimensional básica de todo el sector.

Pese a que el proyecto intenta dialogar con todo lo que le ofrece el lugar, se formalizan diversas piezas menores, como rampas, escaleras, miradores y accesos, que se apartan de las geometrías rectilíneas y aparecen como masas dispersas, modeladas por las tensiones entre naturaleza y artificio.

Las calles no pueden seguir las mismas geometrías. Todas han de partir de preexistencias: las disposiciones del Plan General Metropolitano de Barcelona, la boca norte del túnel, las glorietas, las propiedades que permanecen, las últimas estribaciones de Collserola o las cocheras del metro.

El plan no aspira a dominar edificaciones futuras

FICHA TÉCNICA:
Autor: Eduard Bru
Colaboradores: Jaume Arbona, Antoni Balagué (arquitectos), Ingeniería Valenciana
Promotor: IMPU
Constructor: Fomento de Construcciones y Contratas
Superficie: 90 hectáreas. Primera fase: 40 hectáreas
Emplazamiento: Vall d'Hebrón, Barcelona, España
Proyecto: 1989
Construcción: 1990-1992

Vall d'Hebrón Park, Barcelona, Spain

The working area is 37 hectares and forms a triangle that has one of its apexes at the northern mouth of the La Rovira Tunnel and its upper edge at the foot of the mountain on Barcelona's outer ring road; the other sides are formed by dwellings mostly built in the 1960s.

This triangle if the meeting point of the foothills of the pre-coastal sierra, to which Tibidabo belongs, with the flatland of the city. In fact, the project is situated at this point of confluence between the inclined plane that begins at the beach (5%) and the mountain superposed on it.

The project sets out to establish agreement between the final part of the mountain and the beginning of the city. An agreement which depends on the relationships between topography and urban layout, between what is considered natural and what artificial.

The master plan we propose seeks to reconsider the possibilities of order and rationality offered by a weave pattern, organized here by three geometries, a common size unit and different auxiliary formations.

The first, essential parameter of the weave is established by sharing the characteristic features of the geographical context: the orthogonal direction to the line of greatest slope of the sector corresponding to Collserola, also followed by different pre-existing elements, such as the Vall d'Hebrón pathway. The second parameter, the north-south orientation imposed arbitrarily in the plan, responds to the obligatory planning requirements for exterior spaces for Olympic competition.

Given these two parameters, we basically delimit the space by means of successive platforms, given over to parkland and to sports, akin to a vast carpet on which rectangular areas of contrasting use alternate with triangular enclosures tensed between the two directions of the weave.

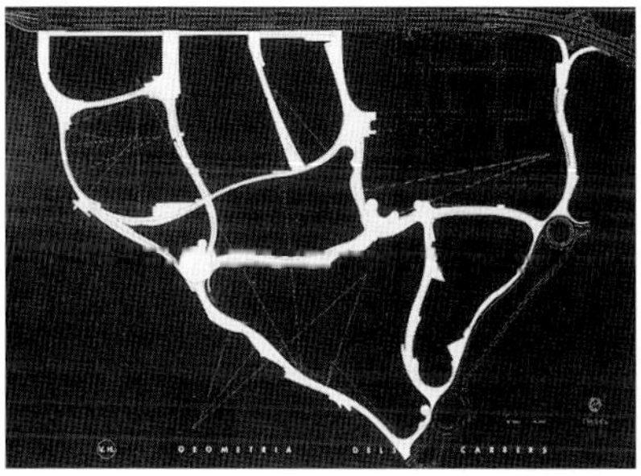

The vertical dimension of the implantation, the subdividing of the 70-meter slope from one edge of the plot to the other into various horizontal cuts, results in a gap of 3.5 meters between games and garden platforms, this measure being a third of the height of the facade of the preexisting metro carriage sheds. This enormous construction the Sant Genis sheds, 220 meters long and with a 220 x 8-meter roof, intended for the parking and repair of carriages, is integrated in the layout in accordance with the successive terraces via the 3.5-meter modulation. The 7.75-meter distance between the pillars of the facade is taken as the second basic size unit for the whole sector.

Albeit that the project attempts to dialogue with all that the location offers, different minor elements like ramps, steps, vantage points and accesses are formalized. These depart from the rectilinear geometries and appear as dispersed masses modeled by the tensions between nature and artifice.

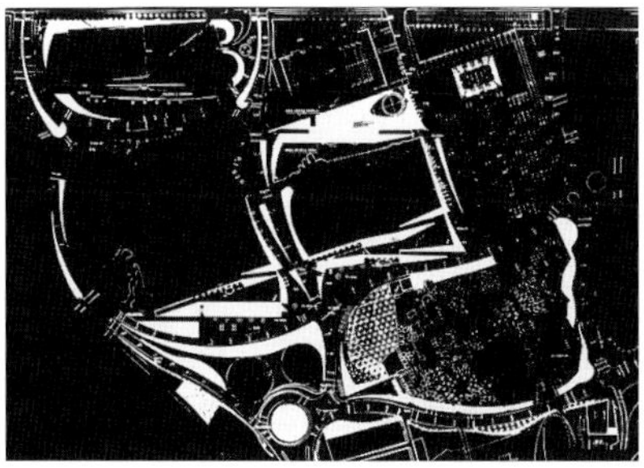

The streets cannot follow the same geometries. All have to proceed from preexisting factors: the layouts of the General Metropolitan Plan for Barcelona, the northern mouth of the tunnel, the traffic roundabouts, the properties which remain, the final foothills of Collserola and the metro carriage sheds.

The plan doesn't set out to control future construction work.

TECHNICAL DATA:
Author: Eduard Bru
Collaborators: Jaume Arbona, Antoni Balagué (architects), Ingeniería Valenciana
Developer: IMPU
Builder: Fomento de Construcciones y Contratas
Surface area: 90 hectares. First phase: 40 hectares
Location: Vall d'Hebrón, Barcelona, Spain
Project: 1989
Construction: 1990-1992

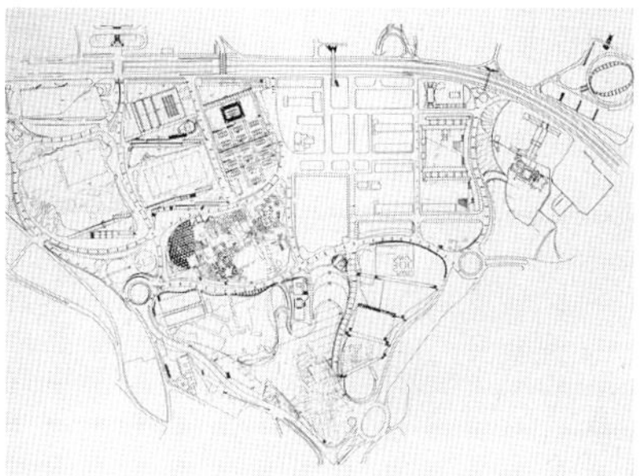

Parque de La Vall d'Hebrón, Barcelona, España

Eduard Bru califica este espacio de vacío urbano incorporándolo a una interpretación de los espacios (remanentes) de la ciudad contemporánea. Se refiere a ellos como espacios desocupados por su carácter conflictivo, bien sea por su topografía, por las características de la ocupación del entorno o razones de uso o propiedad.
De su peculiaridad infiere la necesidad de tratarlos mediante referentes distintos a las tipologías clásicas del espacio público. Eduard Bru elige aquél que emerge de la topografía y que afirma ser el agua pero que es, en realidad, su movimiento: el fluir a través y entre cosas. "Las calles son fluidos de asfalto que rebosan entre las geometrías rectilíneas" (Eduard Bru)
La adopción del fluir significa buscar un factor ordenador, la presencia de un referente a escala de la ciudad cuya fuerza (potencia generatriz(viene dada de forma precisa por la escala que evoca, y no por ninguna corporeidad tangible, imponente.

Eduard Bru modifies this empty urban space by incorporating it in an interpretation of the (residual) spaces of the contemporary city. He refers to these as spaces that are unoccupied because of their conflictive character, be this due to their topography, the forms of occupation typical of the surroundings, or for reasons of use or ownership.
Registering their specificity, he deduces the need to handle them by means of referents distinct from the classical typologies of public space. Eduard Bru selects what emerges from the topography and which he affirms to be water, but which is, in reality, its movement: its flowing through and between things. "The streets are flows of asphalt that well up between the rectilinear geometries," he claims. The adoption of flow means seeking an ordering factor, the presence of a referent on a city scale whose power (generating force) is given precise form through a scale that evokes grandeur, and not through any tangible corporeality.

Vall d'Hebrón Park, Barcelona, Spain

Florian Beigel, Philip Christou, Jong Kyu Kim, Constantino Meucci, Hae Won Shin

Corredor del Támesis, Puente del Milenio, Londres, Reino Unido

Un perro se alza sobre el río mirando al sur
En Londres no tenemos muchas oportunidades de acercarnos al río Támesis. La intención principal de este proyecto es despertar el interés hacia el río, tanto de cerca como de lejos, las posibilidades de ver el agua rozando la orilla y los meandros del río atravesando la ciudad y más allá de ella. Un simple puente no satisface este objetivo.
El proyecto inicial contemplaba una plataforma que atravesara el río y se apoyara en una gran pendiente en la orilla norte y en el muelle del petróleo al lado sur. La viga en caja de la plataforma fue suspendida posteriormente sobre el río y se convirtió en una sombra de la chimenea de la estación fluvial, en una hermana de la viga ligera de la nueva Tate Gallery, un largo silencio arcaico, un perro que se alza sobre el río mirando al sur.
Además de la viga ligera, la viga hueca tiene otra hermana en la orilla norte, la pendiente de apoyo. Al llegar a la parte baja de los escalones de Peter's Hill, uno puede decidir ir caminando hacia abajo hasta la orilla del río, sobre la nueva superficie pública que lleva en suave pendiente hasta el

agua, o puede decidir ir caminando hacia el extremo norte de la viga. El interior de la viga puede utilizarse como espacio para exposiciones temporales, proporcionando acceso a la cubierta de la misma a través de una rampa y una escalera que descubren magníficas vistas sobre Londres. Desde la cubierta se puede ver sobre los puentes, y uno pasa a formar parte de la escala más amplia del río. Se tienen vistas sobre la catedral de Saint Paul desde una línea oblicua al eje que ofrece una vista más tranquila desde el puente.
La asesoría de ingeniería ha contribuido a los conceptos iniciales de estabilidad, composición y construcción. Se prevé una estructura hueca de placas de acero con barras tensoras, igualmente de acero. Se ha considerado que el proyecto básico es sencillo y se encuentra dentro de los límites del presupuesto.

FICHA TÉCNICA:
Autores: Florian Beigel, Philip Christou, Jong Kyu Kim, Constantino Meucci, Hae Won Shin
Colaborador: Martin Manning (ingeniero)
Emplazamiento: Londres, Reino Unido
Proyecto: 1996

Florian Beigel, Philip Christou, Jong Kyu Kim, Constantino Meucci, Hae Won Shin

Thames Corridor, Millennium Bridge, London, UK

A dog standing in the river looking south
We do not have many opportunities in London for going down to the Thames River.
The primary intention of this design is to give awareness of the river space at close range and at far range the possibilities to see the water licking the bank and to see the meandering of the river through the city and beyond. A straightforward bridge is not meeting this objective.
The initial design was for a large raft ferrying across the river, landing on a large slope on the north bank and on the oil pier on the south side. The box beam of the raft was later suspended above the river. It became a shadow of the chimney of the water station, a brother of the light beam of the future Tate Modern, a long archaic silence, a dog standing in the river looking south.
Besides the light beam, the shadow beam has another sister on north bank, the landing slope. On arrival at the bottom of the Peter's Hill steps one can decide to walk down to the river's edge on a new public surface that gently slopes to the water, or decide to walk towards the north end of the shadow beam.
The interior of the shadow beam can be used as a temporary exhibition space giving access to the beam roof via a ramp and a stair to reveal magnificent views of London. One chooses to have the views, one isn't given them automatically. From the roof one can see over all the bridges and one is part of the big scale of the river. St. Paul's Cathedral can be viewed from a line oblique to the axis, offering a relaxed view from the bridge.
Engineering consultation has contributed initial concepts of stability, componentization and erection. A box-beam structure made of steel plate and steel stiffeners is envisaged. The basic design has been found to be simple and within budget limits.

TECHNICAL DATA:
Authors: Florian Beigel, Philip Christou, Jong Kyu Kim, Constantino Meucci, Hae Won Shin
Collaborators: Martin Manning (engineer)
Location: London, UK
Project: 1996

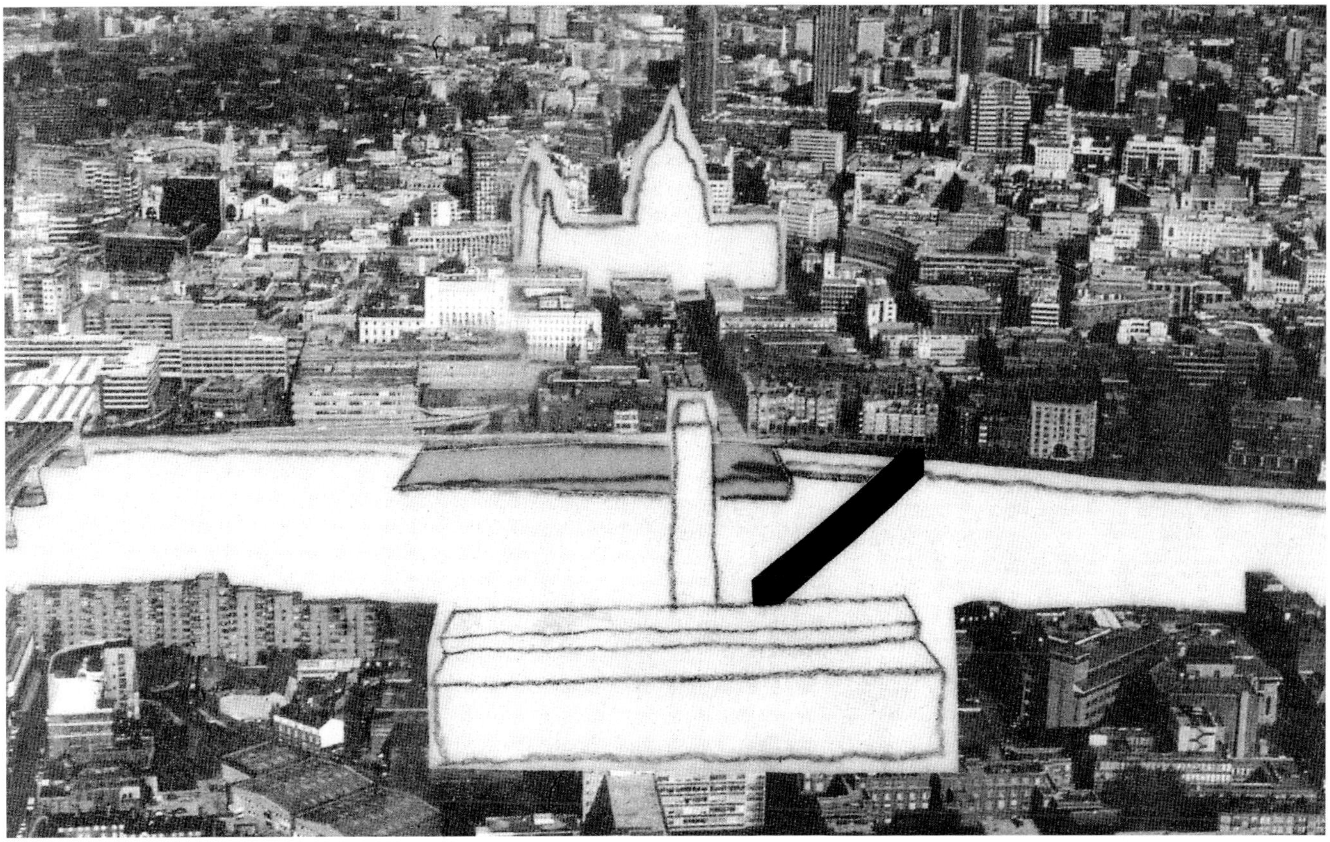

Aunque la costumbre y las infraestructuras distraigan la consciencia, atravesar un río es siempre oponerse a la voluntad de su discurrir. Beigel nos propone permanecer sobre él y mirarlo; mirar el río desde el río, pararse justo en él y verlo cerca; y verlo también lejos, reconocerlo en su olvidada individualidad. El proyecto busca en la posición y en la forma referentes preexistentes ya en el río, resistiéndose prudentemente a añadir otra pieza. Extrae sentido de lo que existe sin necesidad de "inventar" sentidos nuevos más o menos ad hoc.

Although habits and infrastructures may distract the attention, to cross a river is always to oppose oneself to its ambition to carry on flowing by. Beigel proposes that we remain over it and look down; to look at the river from the river, to stop right on it and see it from close up; and also to see it from afar, to acknowledge its overlooked individuality. In its positioning and its forms, this project seeks referents already pre-existing in the river, by prudently resisting the temptation to add extra elements. It draws meaning from what exists, without needing to "invent" more or less *ad hoc* new meanings.

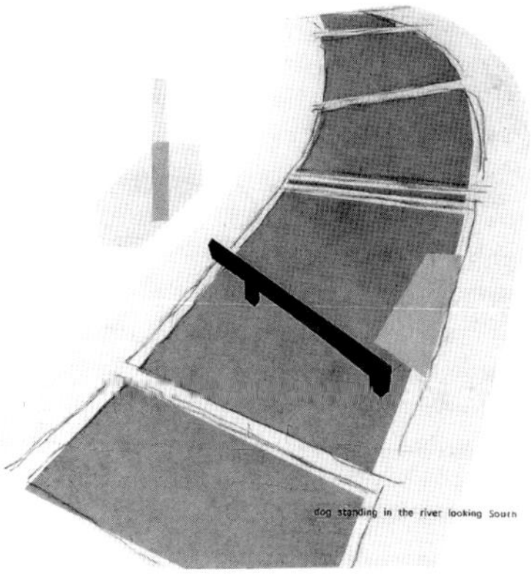

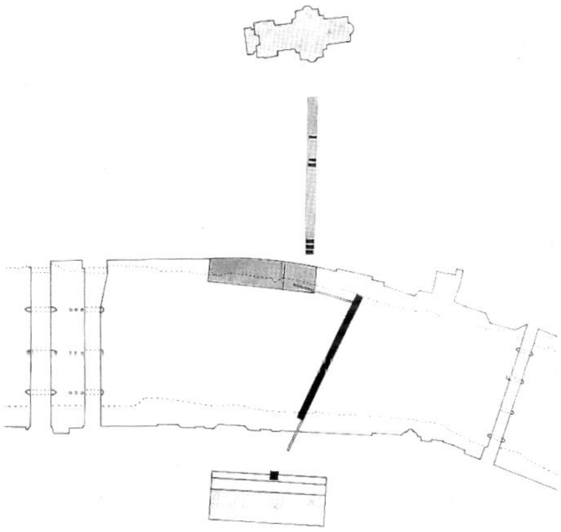

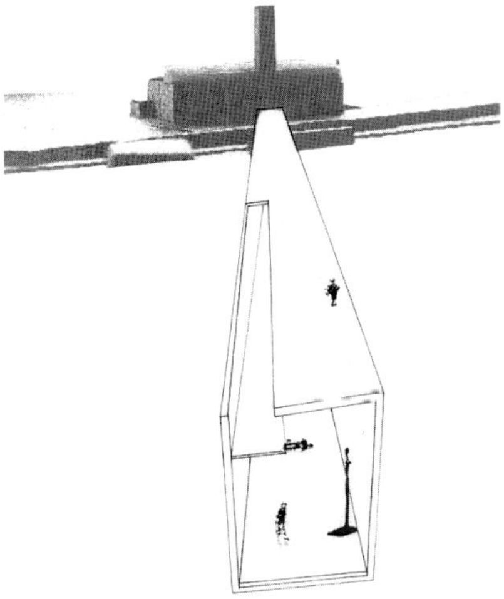

Thames Corridor, Millennium Bridge, London, UK

Nuevos accesos a la Alhambra, Granada, España

Eduard Bru/ Hubmann, Nigst y Vass

New accesses to the Alhambra, Granada, Spain

Eduard Bru

Hubmann, Nigst y Vass

Ambos proyectos materializan dos formas radicalmente distintas de entender e integrar la "posición".
Hubmann, Vass y Nigst articulan la formalización mediante dos referentes: "la metáfora del agua que corre y la recuperación del "espíritu del lugar" vinculado a los paisajes agrícolas del agua, como acequias, terrazas..." (Arquitectura Viva, *53). El espacio de contacto o interfaz aparece como un espacio para la memoria, de una memoria histórica y otra poética que no excluye la anterior, pero la versiona con ciertas licencias.*
Sin embargo, ¿resulta inevitable que un proyecto contiguo a un monumento histórico tenga que adoptar una actitud "historicista" que evoque la memoria o el espíritu del lugar?
Eduard Bru no busca referencias en el pasado, quizá porque crea que la Alhambra es ya inevitablemente "otra cosa": "lo que antes fueron ocupantes, devinieron después viajeros y ahora son multitudes. Debe inventarse el lugar de esas multitudes entre la arquitectura" (AQ, *7). La configuración topográfica y la geometría de las construcciones históricas son referentes formalizadores fuertes del proyecto; mimetizándose con la estructura del terreno, envuelve, integra, articula, encaja las piezas que preceden a su arquitectura y acaba sobrepasándolas en una concepción de gran escala.*

Both projects materialize radically different ways of understanding and integrating "positioning".
Hubmann, Nigst & Vass articulate this formalization by recourse to two referents: "the metaphor of running water, and rehabilitation of the genius loci linked to agriculture landscapes with water, such as irrigation channels and terraces" (*Arquitectura Viva*, 53). The space of contact or interface emerges as a space for recall, of both an historical and a poetic kind, the latter not excluding the former, yet translates this with a certain amount of license. All the same, is it inevitable for a project contiguous with an historic monument to adopt an "historicist" attitude that evokes the memory or the genius of the place? Eduard Bru doesn't look to past references, perhaps because he believes that the Alhambra is inevitably "something else" today: "What were once occupants, later became travelers and are now vast multitudes. The place of those multitudes among the architecture has to be invented" (*AQ*, 7). The topographical configuration and the geometry of the historic buildings are strong references formalizing the project; in mimesis with the structure of the terrain, the project wraps, integrates, articulates and encases the elements that precede its architecture and ends up extending beyond them in a conception of great scale.

Eduard Bru

En este proyecto se considera prioritario que el territorio en estudio no constituya ni una prolongación de la Alhambra ni tampoco una realidad independiente a ésta. Se propone crear un área de introducción, funcional, física y ambiental, tanto al conjunto de la Alhambra como al del Generalife, así como establecer una relación conexa entre ambos.
El énfasis de la propuesta radica en la propia Alhambra, en el Generalife y en el entorno geográfico que los mantiene. Se trabaja aumentando la definición de los trazos que ya de por sí propone la topografía, organizando los accesos, los aparcamientos y la información al aire libre.
El proyecto explora desde la agregación, e incluso desde la superposición de arquitecturas y tiempos, para hacer legible, también como un todo, el área de la Alhambra y el Generalife y su entorno inmediato.
Al acceso abrupto, por senderos fraccionados y próximos a la Alhambra, se oponen ahora, ineludiblemente, los trazados más continuos que facilitan la topografía del sureste de la Alhambra –necesarios para la circulación rodada– y la conciencia de la distancia respecto a los monumentos.
En este proyecto, el sector actual de la plaza de la Alhambra se mantiene por su ineludible papel organizador de un cúmulo de características físicas: reúne las cotas bajas, las vaguadas de los montículos del parque de los Alijares y del parque de Acceso, del Cerro del Sol, el Huerto Grande entre la Alhambra y el Generalife y, en el límite, el propio Cerro del Aire. Las principales construcciones existentes introducen parámetros geométricos que la propia organización del sector desbarataba. Atendiendo precisamente al Cerro del Aire, los caminos de acceso buscan los puntos de inflexión de la topografía –las cumbres o vaguadas– que por la propia conformación topográfica del terreno han de conducirles, inevitablemente, a las implantaciones arquitectónicas: a la Alhambra, al Generalife, incluso a la Silla del Moro, al Baño de las Damas y a los hoteles. Produciendo una progresiva aproximación a todos ellos, secuencial y de perspectiva, que se encarama sobre los puntos topográficos de mayor interés para no disgregarse, sin rumbo, por los alrededores de los monumentos.
También estos caminos rodean la plaza de la Alhambra por su carácter de punto de encuentro entre topografías, y corrigen su geometría. Los nuevos caminos y topografía mantienen propósitos coincidentes pero obedecen a leyes materiales distintas –artificiales, premeditadas las unas, dadas las otras– que se manifiestan en los puntos sometidos a mayores tensiones. En los puntos de transición entre vertientes opuestas, los caminos se desprenden de la base natural y se apoyan en arquitecturas, construcciones auxiliares dispuestas para restablecer el acuerdo entre la topografía y los trazados geométricos.

FICHA TÉCNICA:
Autor: Eduard Bru
Colaboradores: Jaume Alborda, Toni Balaguer, Vicente Benéitez, Mamen Domingo
Promotor/cliente: Consejería de Cultura y Medio Ambiente de la Junta de Andalucía y Patronato de la Alhambra y el Generalife
Superficie: 10 hectáreas
Emplazamiento: Alhambra, Granada, España
Proyecto: 1990-1991

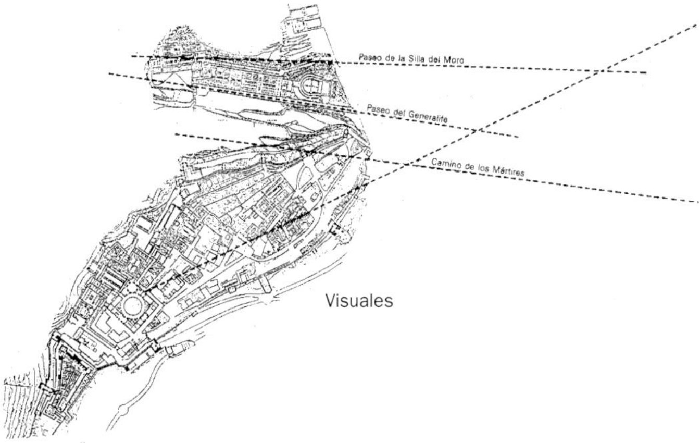

Visuales

Eduard Bru

In this project we consider it a priority that the territory under study should constitute neither a prolongation of the Alhambra nor a reality independent of it. It is proposed to create an area of functional, physical and environmental introduction to the Alhambra complex and to the Generalife, as well as to establish a rapport between the two.
The scheme's emphasis is on the Alhambra itself, the Generalife, and the geographical surroundings that sustain them. We intervene by augmenting the definition of the features the topography itself proposes, organizing the approaches, parking spaces and open-air information area.
Based on the aggregation, and even superposition, of architectures and periods, the project attempts to make legible, also as a whole, the area of the Alhambra and the Generalife, and their immediate surroundings.
Inevitably, the more continuous stretches provided by the topography of the southeast part of the Alhambra –needed for traffic circulation– and an awareness of distances in relation to the monuments now stand in opposition to the steep access along fragmentary sections of pathway close to the Alhambra.
In this project the actual sector of the plaza of the Alhambra is retained for its essential role in organizing a host of physical characteristics: it links together the lower ground levels, the watercourses of the hillocks of the Parque de los Alijares and the Parque de Accesso, the Cerro del Sol, the Huerto Grande between the Alhambra and the Generalife, and at its very edge, the Cerro del Aire itself.
The principal existing buildings introduce geometrical parameters that the very organization of the sector used to disrupt. In respect of the Cerro del Aire, the access roads seek the points of inflection of the topography –the hilltops or watercourses– which due to the particular topographical shape of the terrain must inevitably lead them to the architectural implantations, to the Alhambra, the Generalife, even to the Silla del Moro, the Baño de las Damas and the hotels, thus producing a gradual approximation to all of them, both sequential and perspectival, which perches on the more interesting topographical points so as not to be dispersed, directionless, by the surroundings of the monuments.
These roads also surround the Alhambra plaza, due to its nature as a meeting point between topographies, and they correct its geometry. The new roads and topography have the same objectives, but obey differing material laws –some being premeditated and artificial; others, given–, as manifested in the points submitted to greater tension. In the points of transition between opposed inclines, the roads depart from their natural base and are supported by various architectures, auxiliary constructions arranged so as to re-establish the agreement between topography and geometrical lines.

TECHNICAL DATA:
Author: Eduard Bru
Collaborators: Jaume Alborda, Toni Balaguer, Vicente Benéitez, Mamen Domingo
Developer/client: The Culture and Environment Commission of the Junta de Andalucía, and the Board of Trustees of the Alhambra and Generalife
Surface area: 10 hectares
Location: The Alhambra, Granada, Spain
Project: 1990-1991

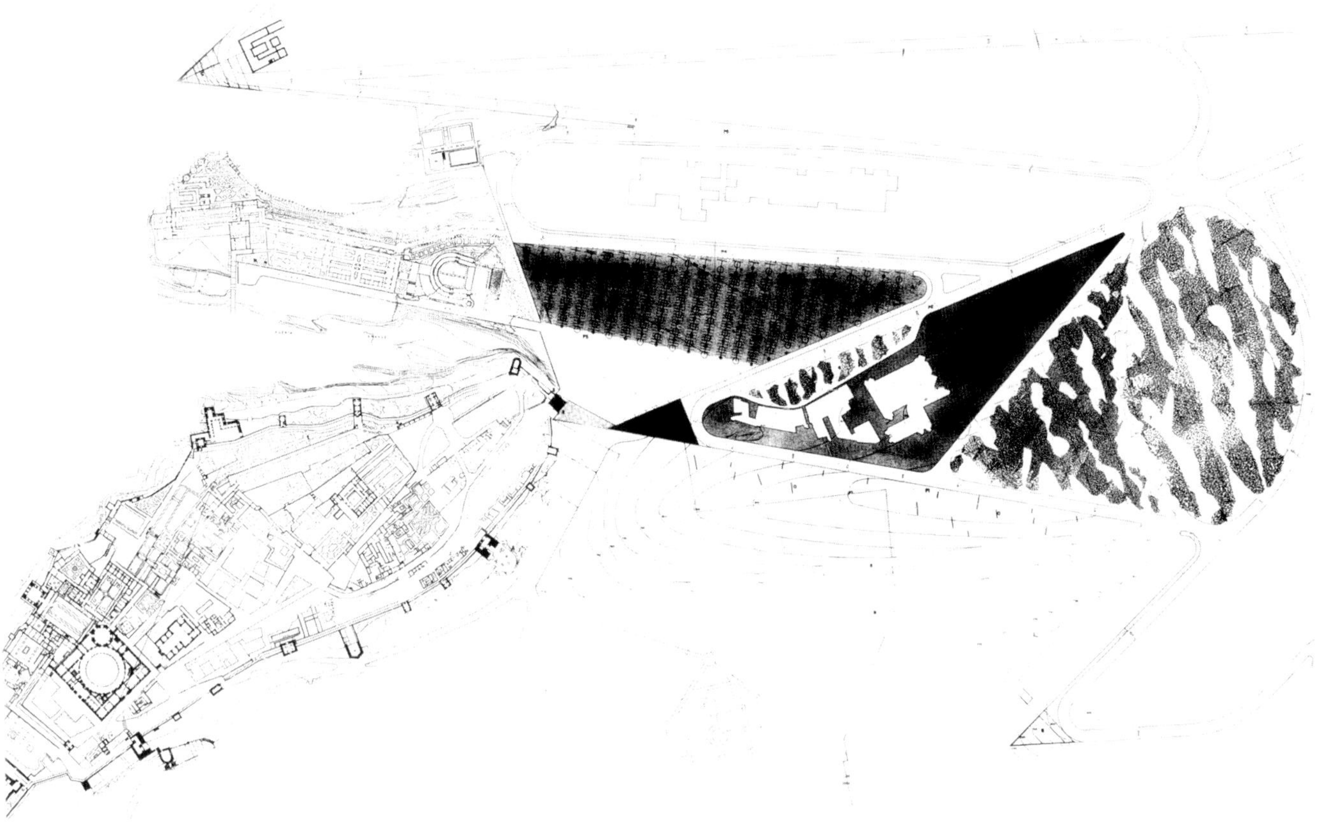

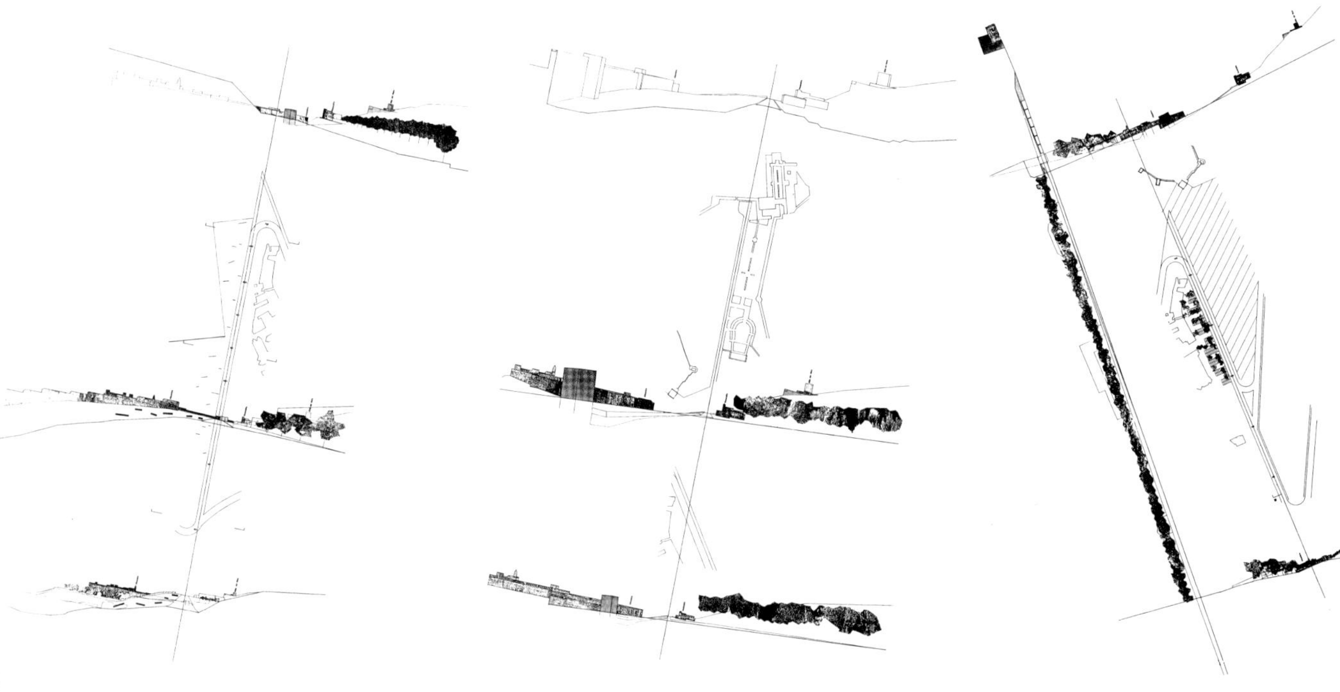

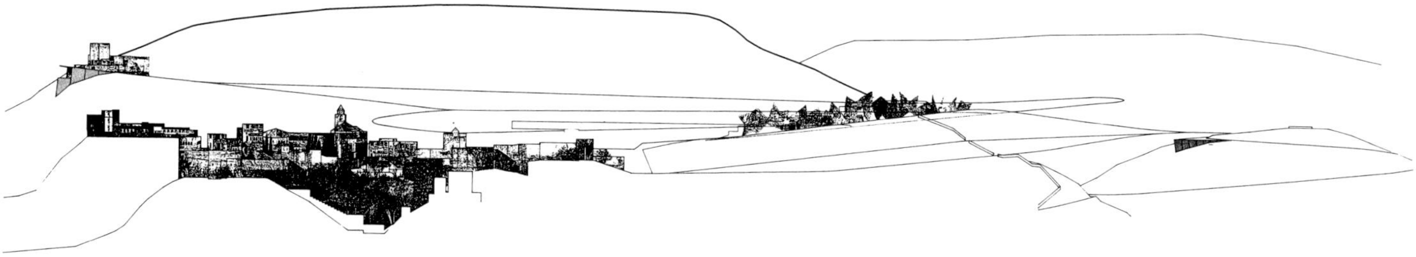

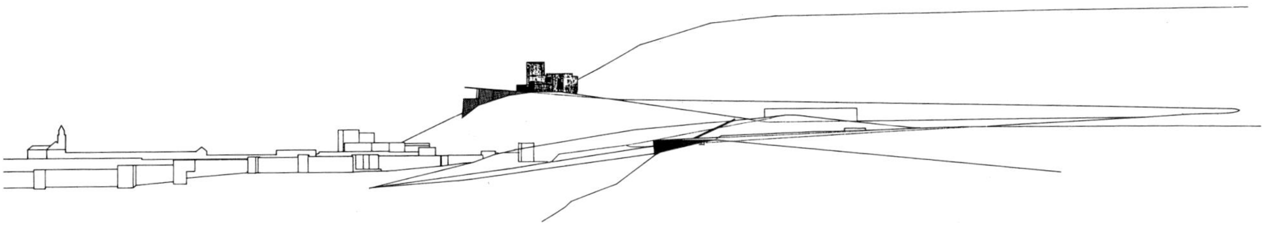

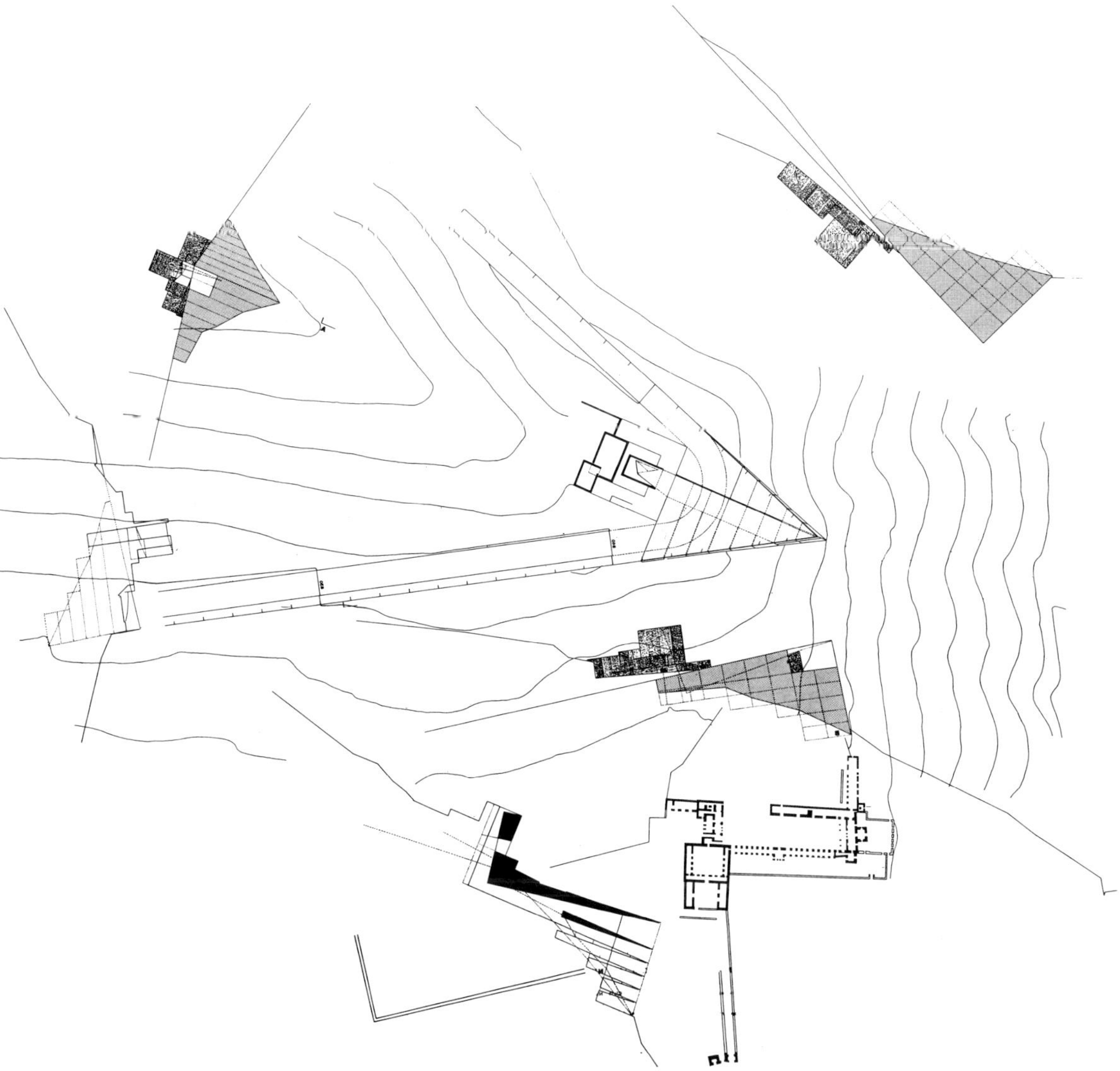

Eduard Bru

Hubmann, Nigst y Vass

El proyecto ordena las zonas anexas al nuevo acceso de las construcciones nazaríes y al palacio de Carlos V. La intervención tiene como fin la adecuación del área a los flujos del turismo de masas del que es objeto el monumento, incorporando una nueva superficie de aparcamientos y zonas de recreo y descanso para los visitantes en el terreno situado en el extremo oriental del conjunto. Se trata de una vasta extensión que ha sufrido una desordenada colonización, poco atenta a las condiciones topográficas y a su valor paisajístico. Por ello, la actuación pretende la recuperación, a la vez física y metafórica, de un territorio originalmente ocupado por alquerías y casas de recreo, del que sólo se han conservado algunos olivares, restos de bancales y pequeños regueros. Tomando como punto de partida el "innato poder del lugar", se pretende situar a la Alhambra en su auténtico entorno natural, acentuar los signos presentes en el sitio y preparar al visitante para el recorrido del monumento mediante la recreación de un escenario que evoque el paisaje original. Para ello, se ha creado un recorrido basado en jardines aterrazados que se estructuran por medio de una trama ortogonal de acequias, recuperando el protagonismo del agua que ha garantizado históricamente la continuidad funcional entre la Alhambra y su territorio. En este sentido, rechazando la concepción de parque urbano, se restituye la topografía por medio de una serie de bancales inspirados en el paisaje productivo de terrazas cultivadas en el Generalife.
Es así como el agua vuelve a ser un elemento clave para la vitalidad de la zona, que sufría el riesgo de quedar convertida en un erial. Las acequias enlazan con el viejo sistema hidráulico y proporcionan distintos niveles de riego, con la consiguiente variedad de vegetación, desde las zonas de secano hasta las de moreras blancas y olivares. Este sistema de canales se hace visible por medio de unas piezas realizadas en hormigón prefabricado –canales, canaletas, cubiertas– que, ajustándose a los escalonamientos o elevándose sobre pilares, revelan la diversidad de los perfiles topográficos. Una serie de construcciones, integradas en los itinerarios peatonales, jalonan el recorrido de los cauces artificiales –plataforma de agua, depósitos, casa de la fuente, del pozo, patios ajardinados, etc.–, proporcionando zonas de sombra y descanso desde las que el peatón puede experimentar el contacto directo con el curso del agua.
Surcando oblicuamente las distintas zonas de estacionamiento de vehículos, una red de recorridos que respeta la avenida peatonal existente conduce al visitante hasta el pabellón que proporciona entrada al conjunto monumental.

FICHA TÉCNICA:
Autores: Erich Hubmann, Peter Nigst, Andreas Vass
Colaboradores: Stefan Gantenbein, Limin Chen, Carmen Díaz-Medina, Milos Dunaj, Willi Fröstscher, Frank Fuhs, Tanja Jankowiak, Oliver Kaufmann, Sven Schlögel, Johanna Rainer, Michael Schwab
Dirección de obra: Luciano Rodrigo Marhuenda, María Culler
Promotor: Consejería de Cultura y Medio Ambiente de la Junta de Andalucía y Patronato de la Alhambra y el Generalife
Constructora: Entrecanales
Superficie: 10 hectáreas
Emplazamiento: Alhambra, Granada, España
Proyecto: 1990 (concurso), 1991-1993
Obra: 1994-1997

TECHNICAL DATA:
Authors: Erich Hubmann, Peter Nigst, Andreas Vass
Collaborators: Stefan Gantenbein, Limin Chen, Carmen Díaz-Medina, Milos Dunaj, Willi Fröstscher, Frank Fuhs, Tanja Jankowiak, Oliver Kaufmann, Sven Schlögel, Johanna Rainer, Michael Schwab
Site management: Luciano Rodrigo Marhuenda, María Culler
Developer: The Culture and Environment Commission of the Junta de Andalucía, and the Board of the Alhambra and Generalife
Builder: Entrecanales
Surface area: 10 hectares
Site: The Alhambra, Granada, España
Project: 1990 (competition), 1991-1993
Construction: 1994-1997

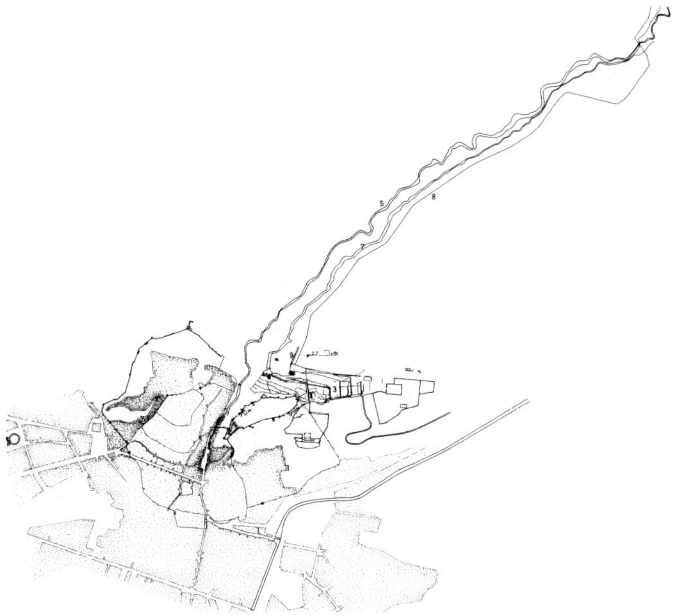

Hubmann, Nigst & Vass

The project regularizes the zones adjoining the new access to the Arab-Islamic buildings and the palace of Carlos V. The goal of the intervention is to adapt the area to the flux of mass tourism around the monument, by incorporating new parking and recreation/relaxation areas for visitors on the land at the eastern edge of the complex. This involves a vast extension that has been subject to a chaotic colonization unmindful of the topographic conditions and their scenic quality. To do this, the intervention sets out to rehabilitate, both physically and metaphorically, a territory originally occupied by farmhouses and narrow irrigation channels. Taking as a point of departure the "innate aura of the place", we aim to situate the Alhambra in its authentic natural surroundings, to accentuate the signs present there, and to prepare the visitor for a tour of the monument by recreating a scenario evocative of the original landscape. To this end, an itinerary has been created based on terraced gardens that are structured via an orthogonal grid of irrigation ditches, thus reaffirming the leading role of the water that has historically guaranteed a functional continuity between the Alhambra and its territory. For this reason, and rejecting the idea of an urban park, the topography is reconstituted by means of a series of banked plots inspired by the productive landscape of cultivated terraces in the Generalife.
Thus it is that water again becomes a key element for the vitality of an area that risked being turned into a wasteland. The ditches connect up with the old hydraulic system and provide varying levels of irrigation, with their attendant variety of vegetation, from the drier areas to those with white mulberry and olive trees. This system of channels is made visible by a number of prefabricated concrete elements –conduits, pipes, decks– that, adjusting themselves to the terracing or being set on pillars, reveal the diversity of the topographical lines. A series of constructions, integrated within the pedestrian itineraries, mark the trajectory of the artificial waterways –a water terrace, cisterns, shelters for the spring and the well, landscaped patios, etc.–, providing areas of shade and relaxation from which the visitor can experience direct contact with the flowing of the water.
Obliquely crossing the various parking areas, a network of pathways which respects the existing pedestrian avenue leads the visitor to the pavilion that forms an entrance to the monumental complex.

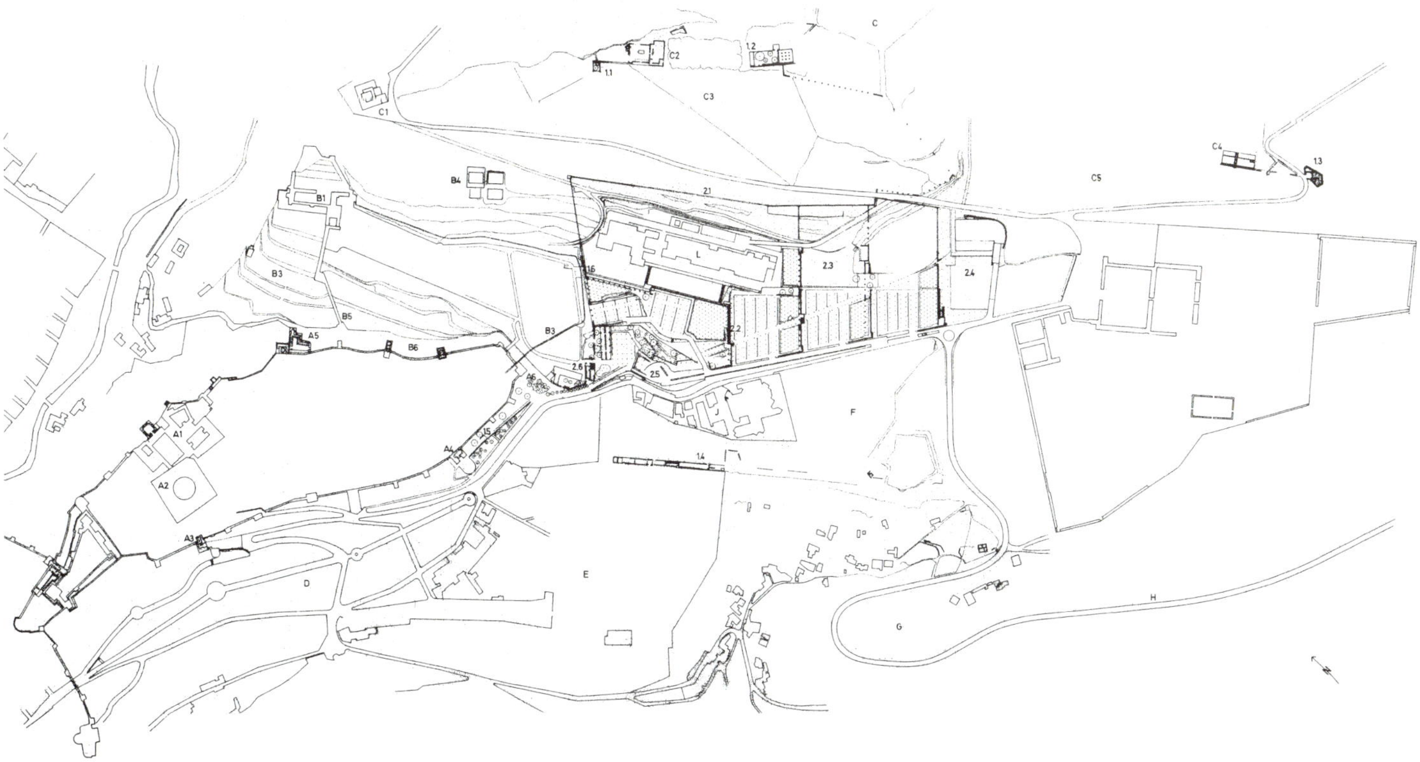
C
C2
1.2
1.1
C1
C3
C4
1.3
C5
B4
B1
2.1
L
2.3
2.4
1.6
B3
B5
A5
B6
2.2
2.6
A6
2.5
F
A1
A4
1.5
1.4
A2
A3
D
E
G
H

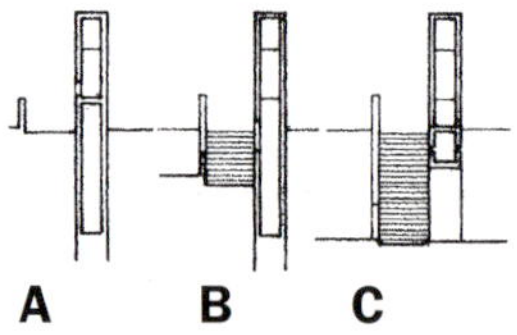
A
B
C

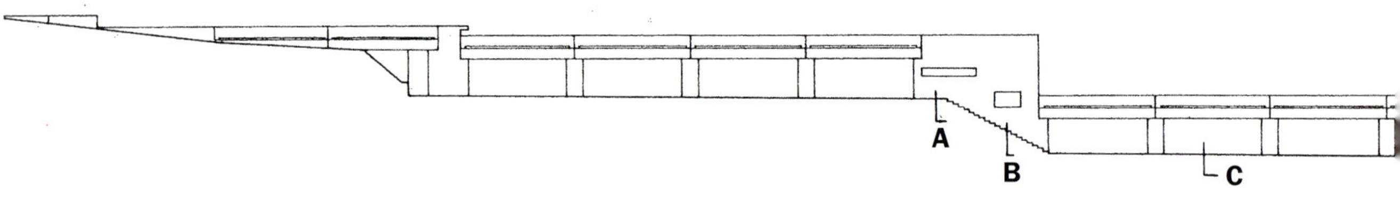
A
B
C

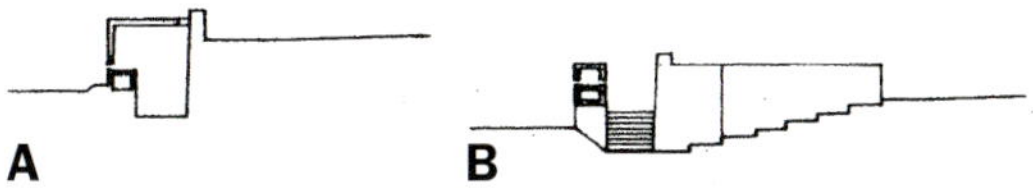

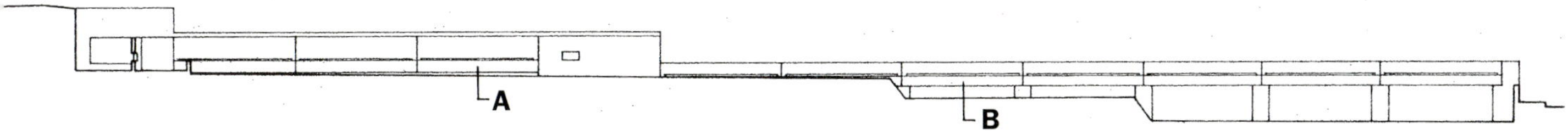

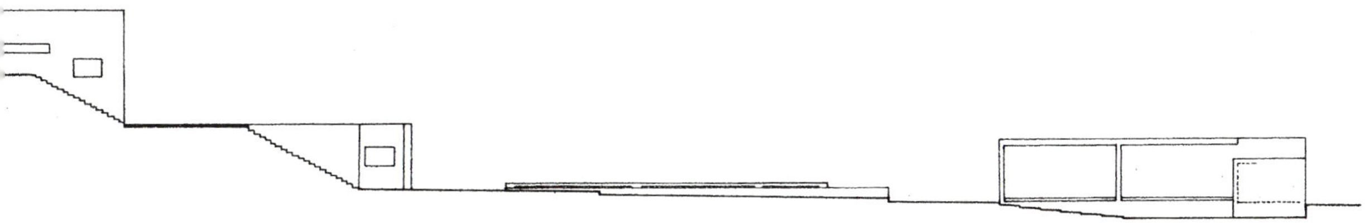

Hubmann, Nigst & Vass

Mª Isabel Bennasar

Ordenación de la plaza Almirall Farragut, Castillo de St. Nicolau, Ciutadella, Menorca, España

El objeto de este proyecto es la ordenación final de la plaza Almirall Farragut y el entorno de la Torre de San Nicolás, punto de unión de dos paseos y final del paseo de San Nicolás. La actuación prevista consiste en la urbanización (pavimentación, iluminación y vegetación) del entorno de la torre de San Nicolás, posibilitando el enlace de ambos paseos marítimos, potenciando la zona como mirador y dotando de un acceso adecuado a la torre.

Teniendo en cuenta la diferencia de cota entre la calle y el borde del acantilado, se propone la división de la zona en dos niveles: uno alto, al nivel de la calle actual, continuando el trazado y el tipo de pavimento de los dos paseos marítimos y configurando la zona como mirador. Enlazando con muros de hormigón ambos paseos se permite el acceso mediante rampas al nivel inferior. Otro nivel inferior, configurado por unas plataformas de hormigón al nivel del acantilado e integradas en su topografía, pretende la recuperación del aspecto anterior de la zona e incorporan al proyecto la zona de pedreras en la roca, recuperada bajo el pavimento.

FICHA TÉCNICA:
Autora: María Isabel Bennasar
Colaborador: Enric Mariages
Promotores: Ayuntamiento de Ciutadella de Menorca y Dirección General para la Vivienda, el Urbanismo y la Arquitectura del MOPTMA
Superficie: 3.200 m^2
Emplazamiento: Ciutadella, Menorca, Islas Baleares, España
Proyecto: 1995
Construcción: 1996-1998

Mª Isabel Bennasar

Development of the Plaza Almirall Farragut, Castillo de St. Nicolau, Ciutadella, Minorca, Spain

The object of this project is the final planning of the Plaza Almirall Farragut and the environs of the Torre de San Nicolás, a point where two parades join and form the end of the Paseo de San Nicolás. The intervention foreseen consists in the urbanization (paving, lighting and vegetation) of the area around the Torre de San Nicolás, thus facilitating the linking of both seaside promenades and promoting the area as a vantage point, while providing adequate access to the tower.

Taking the height difference between the street and the edge of the cliff into account, we propose dividing the zone into two levels: one high, at the level of the actual street, extending the layout and type of paving of the two seaside promenades and configuring the area as a lookout point. Linking both promenades with concrete walls allows for access to the lower level via ramps. Another lower level, configured by a series of concrete platforms at cliff height, and integrated into the latter's topography, seeks to rehabilitate the former look of the area, with these platforms incorporating the quarried section of rock, reclaimed under the paving, within the project.

TECHNICAL DATA:
Author: María Isabel Bennasar
Collaborator: Enric Mariages
Developers: Town of Ciutadella de Menorca and Dirección General para la Vivienda, el Urbanismo y la Arquitectura, MOPTMA
Surface area: 3200 m^2
Location: Ciutadella, Minorca, Balearic Islands, Spain
Project: 1995
Construction: 1996-1998

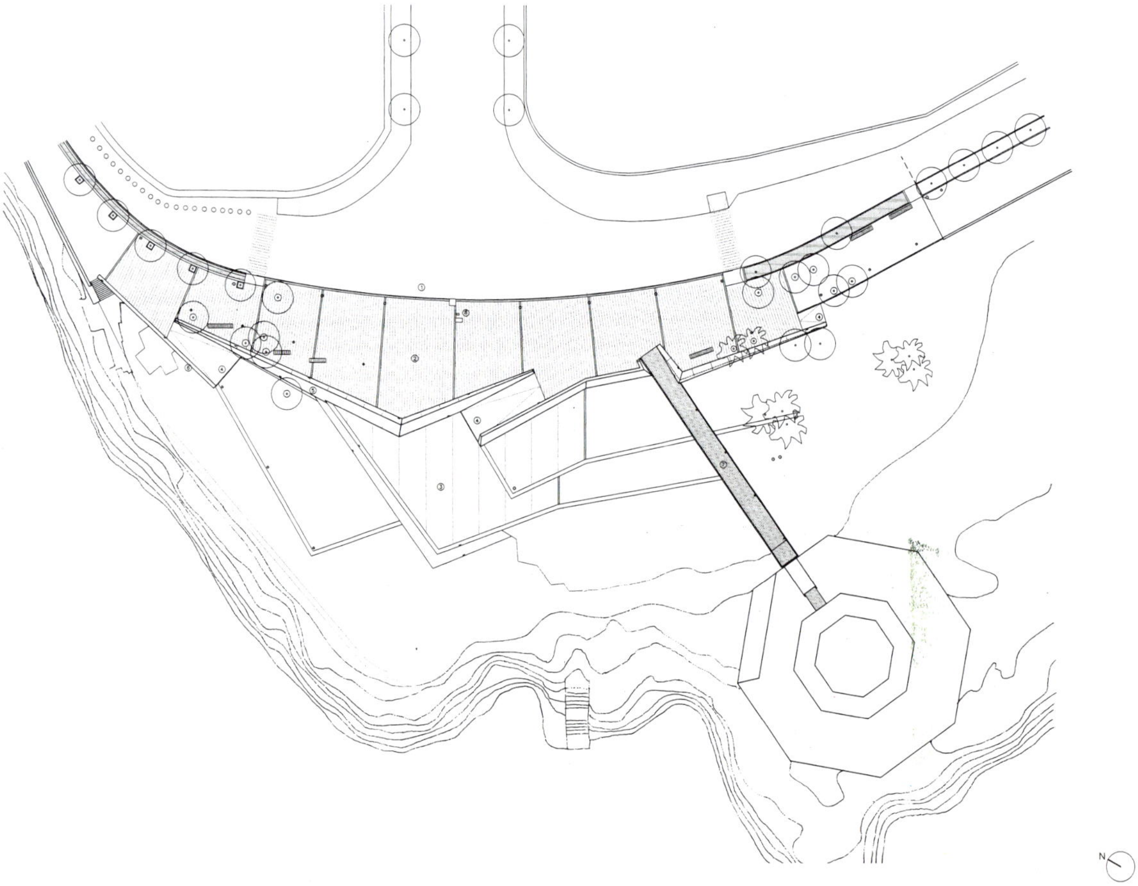

Ordenación de la plaza Almirall Farragut, Castillo de St. Nicolau, Ciutadella, Menorca, España

El proyecto articula dos niveles fragmentados que materializan la transición de la roca al pavimento de la plaza. Se podría calificar como un proyecto eminentemente tectónico y también litológico, que conecta dos complejos tectónico-litológicos: roca y fortaleza. El nivel superior tiene mucho de explanada, de plaza de armas. El proyecto sabe contagiarse de ambos complejos o, tal vez, imbricarse en ellos, convirtiendo el apoyo en macla.

This project articulates two fragmented levels that give shape to the transition from natural rock to the paving of the plaza. It could be defined as an eminently tectonic, and also lithological, project connecting two tectonico-lithological complexes: rock and fortress. The upper level has something of the esplanade, the parade ground, about it. The project manages to be contaminated by both complexes, or perhaps to be imbricated in them, converting the support into a macula.

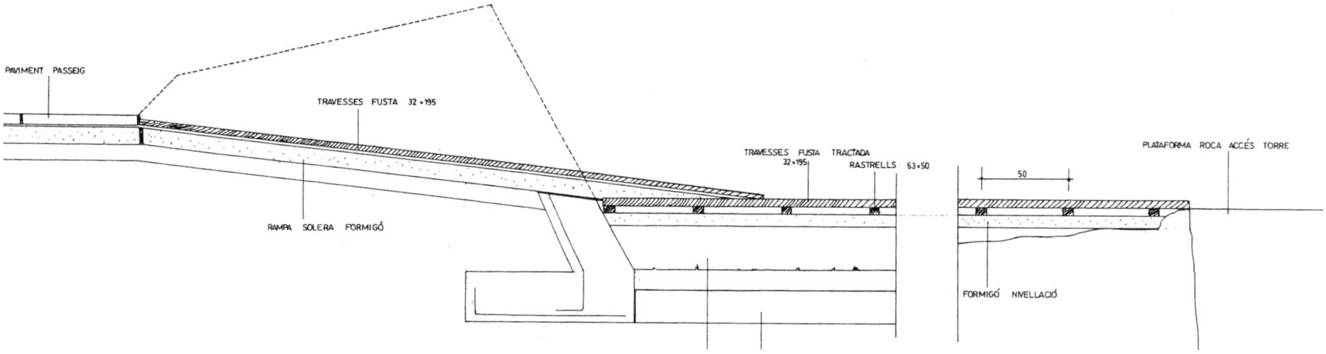

Development of the Plaza Almirall Farragut, Castillo de St. Nicolau, Ciutadella, Minorca, Spain

Manhattan Penn Yard, rascacielos Parallax, Nueva York, EE UU Barras de contención espacial, Phoenix, Arizona, EE UU

Ambos proyectos constituyen una reflexión sobre el límite "abrupto" de la ciudad, forzado por una línea de costa y un desierto. Se insinúan aquí proyectos-dique para las aguas y, sobre todo, para una ciudad que se "agolpa" en su borde.
En el caso de Manhattan, el horizonte se ve desde el agua como una línea de información comprimida, evocando el concepto de fractal e interpretando sus estructuras como "un reino urbano intensificado" (Steven Holl). No se aboga por la arquitectura que "cose", o que resuelve la contradicción entre ambos espacios, sino por una "abierta a las irracionalidades del lugar".

Manhattan Penn Yard, Parallax Skyscrapers, New York, USA Spatial retaining bars, Phoenix, Arizona, USA

Both projects constitute a reflection on the "abrupt" boundary of the city, ordained by a coastline and a desert. Here, dike-type projects are hinted at for stretches of water, and above all for a city that "bunches together" at its edge.
In the case of Manhattan, the horizon is seen from the water like a line of compressed information, evoking the idea of a fractal and interpreting its structures as "an intensified urban realm" (Steven Holl). A plea isn't being made for an architecture that "knits things together", or which resolves the contradiction between both spaces, but for one "open to the irrationalities of the location".

Manhattan Penn Yard, rascacielos Parallax, Nueva York
En la periferia de la ciudad contemporánea, los fragmentos desplazados surgen sin más relación intrínseca con la organización preexistente que los peraltes y las curvas de las autopistas curvilíneas. Aquí los desechos se despliegan hacia el exterior como las ondas que forma una piedra arrojada a un estanque. Los márgenes de la ciudad constituyen una región filosófica en la que se yuxtaponen ciudad y naturaleza, que existe sin posibilidad de elección y sin expectativas.
Esta zona requiere perspectivas y proyectos que delineen el límite entre lo urbano y lo rural. La visión del futuro de una ciudad puede trazarse sobre este terreno parcialmente devastado, liberando el paisaje natural que aún se mantiene, protegiendo el hábitat de cientos de especies vegetales y animales en peligro de extinción. Puede preservarse lo que aún queda del espacio natural; se puede restaurar el territorio deforestado. En la zona intermedia, entre el paisaje natural y

Manhattan Penn Yard, Parallax Skyscrapers, New York
On the fringe of today's modern city, displaced fragments sprout without intrinsic relationships to existing organization, other than that of the camber and loops of the curvilinear freeway. Here the discarded spreads itself outward like the nodal lines of a stone tossed in a pond. The edge of a city is a philosophical region, where city and nature overlap, existing without choice or expectation.
This zone calls for visions and projections to delineate the boundary between the urban and the rural. Vision of a city's future can be plotted on this partially spoiled land, liberating the remaining natural landscape, protecting the habitat of hundreds of species of animals and plants that are threatened with extinction. What remains of the wilderness can be preserved; defoliated territory can be restored. In the middle zone between landscape and city, there is hope for a new synthesis of urban life and urban form.

la ciudad, existe la esperanza de una síntesis nueva entre la vida y las formas urbanas.
Los métodos de planificación tradicionales ya no son adecuados. Mirando hacia el pasado de la ciudad, desde el punto de vista del paisaje, este proyecto contempla un programa que todavía no se ha puesto a prueba y un nuevo tipo de espacio urbano.
En esta propuesta, los terrenos adyacentes a la vía del ferrocarril de la calle 72 se transforman en un nuevo parque en el margen de la ciudad, imbuido del espíritu de Frederick Law Olmsted. El denso desarrollo urbano del lado este mira hacia este nuevo parque que se extiende hasta la orilla del río Hudson.
Sobre el río, los rascacielos, extremadamente esbeltos, enmarcan la vista y crean un nuevo tipo de marco del espacio urbano sobre el agua. Las torres, edificios híbridos con diversas funciones, unidas por sistemas horizontales de tránsito bajo el agua, conectan las zonas de aparcamiento también bajo el agua con ascensores rápidos que hacen las veces de espacios de transbordo. Los ocupantes están a un paso caminando desde la entrada del metro de la calle 72 o de los ferries exprés que llevan al centro de congresos K. Javits, a Wall Street o al aeropuerto de La Guardia.
Como contrapeso a las esbeltas torres, un espacio flotante, extremadamente denso, se utiliza como estadio para conciertos, complejo para proyección de películas en pantalla de gran formato o gran sala de espectáculos.
La frontera ampliada de la ciudad contemporánea requiere de la síntesis de nuevas composiciones espaciales. Las torres Parallax enmarcan el paisaje urbano de Nueva York sobre la base de un espacio psicológico, del movimiento, de la cualidad de la luz, de lo táctil y de un rico programa (oficinas, apartamentos, plazas hoteleras, instalaciones culturales), al tiempo que actúa como mediadora entre dos realidades: los excesos de la metrópoli y la naturaleza.

FICHA TÉCNICA:
Autor: Steven Holl
Colaboradores: Peter Lynch, Romain Ruther
Emplazamiento: Riverside Park, Nueva York, EE UU
Proyecto: 1990

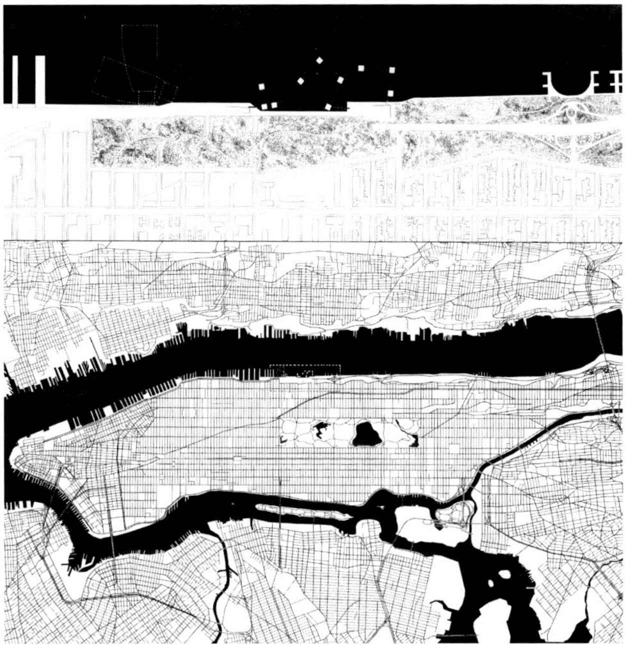

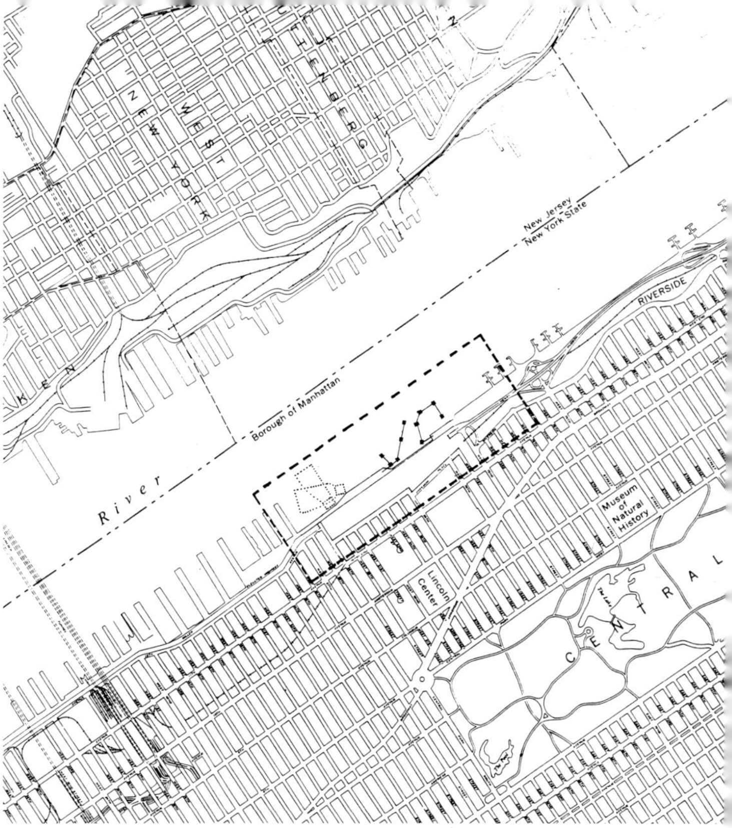

Traditional planning methods are no longer adequate. Looking back at the city from the point of view of the landscape, this project considers an untested program and a new kind of urban space.
In this proposal, the existing 72nd Street train yards are transformed into a new city-edge park in the spirit of Frederick Law Olmsted. The existing dense development to the east looks out over this new open park, which extends to the Hudson River's edge.
On the river, ultra-thin skyscrapers bracket the view and create a new kind of framed urban space over water. Hybrid buildings with diverse functions, the towers are linked by horizontal underwater transit systems that connect underwater parkside lobbies to high-speed elevators serving upper transfer lobbies. Occupants are within walking distance of the 72nd Street subway entrance or express ferries to the Jacob K. Javits Convention Center, Wall Street, and LaGuardia Airport.
In counterbalance to the ultra-thin towers, an ultra-thick floating public space is used as a concert stadium, large-screen movie theater complex, or grand festival hall.
The expanded boundary of the contemporary city calls for the synthesis of new spatial compositions. The parallax towers in New York City frame the view of the urban landscape in the ground of psychological space, movement, light quality, tactility and a rich program (offices, apartments, hotel rooms, cultural facilities), while acting as a mediator of two realities: the extreme of the metropolis and nature.

TECHNICAL DATA
Author: Steven Holl
Collaborators: Peter Lynch, Romain Ruther
Location: Riverside Park, New York, USA
Project: 1990

Barras de contención espacial, Phoenix, Arizona

El aspecto más destacable de la historia de Phoenix es la desaparición misteriosa de la civilización india de Hohokum, tras mil años de cultivo ininterrumpido en el Valle, con sus cuatrocientos kilómetros de canales de más de nueve metros de profundidad.
Ubicadas en la periferia de Phoenix, una serie de barras de contención espaciales insinúan un límite de la ciudad, un punto de comienzo del desierto. En cada estructura se inscribe un espacio de 17 m^2 que enmarca la vista de las montañas, a lo lejos, y el desierto.
Las áreas habitables tipo *loft* de los brazos superiores están suspendidas en soledad silenciosa, formando un nuevo horizonte con vistas del amanecer y del atardecer en el desierto. Se fomenta la vida en comunidad a través de la entrada y la salida mediante patios escalonados. El trabajo se dirige electrónicamente desde los *lofts* adyacentes a las viviendas. Las instalaciones culturales están suspendidas en estructuras abiertas.
La estructura de los edificios está formada por vigas-caja de hormigón armado de 2,8 m^2 de sección. El exterior es de hormigón pigmentado con la parte inferior de los brazos pulidos. Por la mañana y al atardecer, estas superficies se iluminan con el sol rojo del desierto; una aparición de luz suspendida que se refleja por el agua de los canales de Hohokum.

FICHA TÉCNICA:
Autor: Steven Holl
Emplazamiento: Phoenix, Arizona, EE UU
Proyecto: 1989

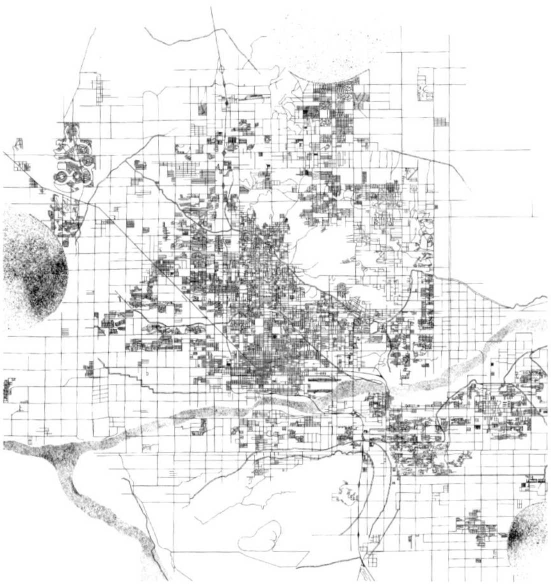

Spatial retaining bars, Phoenix, Arizona

The most prominent aspect of the history of Phoenix is the mysterious disappearance of the Hohokum Indian civilization after 1000 years of continuous cultivation of the valley with 250 miles of 30-foot canals.
Sited on the periphery of Phoenix, a series of spatial retaining bars infer an edge to the city, a beginning to the desert. Each structure inscribes a 180-foot-square space while rising to frame views of the distant mountains and desert.
The loft-like living areas in the upper arms hang in silent isolation, forming a new horizon with views of the desert sunrise and sunset. Communal life is encouraged by entrance and exit through courtyards at grade. Work is conducted electronically from loft-spaces adjoining dwellings. Cultural facilities are suspended in open frame structures.
The thirty-foot-square building sections act as reinforced-concrete hollow beams. Exteriors are of pigmented concrete with the undersides of the arms polished to a high gloss. In the morning and evening these undersides are illuminated by the red desert sun; a hanging apparition of light once reflected by the water of Hohokum canals.

TECHNICAL DATA
Author: Steven Holl
Location: Phoenix, Arizona, USA
Project: 1989

Spatial retaining bars, Phoenix, Arizona

NATURALEZAS ARTIFICIALES
ARTIFICIAL KINDS OF NATURE

Paisajes en segundas naturalezas, Zöbigker Winkel, Cospuden, Alemania

Se propone un paisaje artificial que surge del paisaje de la región, producto de una excavación hecha por el hombre. Se ha leído la historia del paisaje del emplazamiento y se ha utilizado como generatriz del proyecto. La zona cenagosa de la extensa llanura ribereña que se formó por la acción glacial constituye el primer paisaje.

Los asentamientos agrícolas en la zona durante los siglos XVIII y XIX con las villas de los propietarios y las pequeñas aldeas constituyen el segundo paisaje. La naturaleza artificial a gran escala, producto del proceso de las excavaciones de la minería del carbón durante el siglo XX, constituye el tercer paisaje. La nueva expansión urbana de Leipzig y la futura zona de lagos, que será el resultado de que los antiguos hoyos resultantes de la actividad minera se vayan llenando de agua freática, constituyen el cuarto paisaje. Estos cuatro paisajes son la base de la estrategia del proyecto. El proyecto de Cospuden es un prototipo para el trazado de líneas de ribera dentro de una vasta zona de futuros lagos. La antigua mina de Cospuden se convertirá en el primer nuevo lago de la zona, el más cercano al centro de la ciudad. Una nueva zona pantanosa entre la antigua población agrícola de Zöbigker y el lago constituye un precedente de relación entre la población urbana y el agua. La zona frente al lago de la nueva población urbana está formada por apartamentos nuevos, aislados, que forman la orilla de la zona pantanosa desde la población barroca hasta la rampa del puerto. La orilla de la zona pantanosa está formada por los diques del paseo, dos largas líneas en el paisaje del lago, un recuerdo de los bordes afilados de los hoyos de la excavación minera.

Los apartamentos aislados, o "villas del lago", como a algunos les gusta llamar a estos edificios, parecen enormes rocas que se hunden en la tierra pantanosa, una referencia al vasto paisaje geológico formado por los glaciares y el mar.

Las casas alargadas situadas detrás de los apartamentos aislados se ubican, por el contrario, en los terrenos del antiguo jardín de la villa, formando espacios trapezoidales abiertos al lago. Podría decirse que las casas alargadas bailan en el antiguo parque.

El proyecto proporciona una estrategia de reconstrucción urbana para la antigua villa, similar a la de Luigi Snozzi en Monte Carasso, Suiza.

FICHA TÉCNICA:
Autores: Florian Beigel y Architecture Research Unit, University of North London
Colaboradores: (concurso) Arup Environmental Landscape Group, Marta Bayona Mas, Peter Beard, Dorothee Biefeld, Philip Christou, Mernoosh Khadivi, Adrienne du Mesnil, Philip Misselwitz. (Proyecto) Peter Beard, Philip Christou, Ulrike Bräuer, Kord Büning-Pfaue, Timo Herrmann, Marieke Lamm, Daniel Mallo Martínez, Verena Nelles, Xavier Ortíz Salazar, Benjamin Schnüking, Arup Environmental Landscape Group, Projektegruppe Stadt- und Entwinklung-Ferber, Graumenn & Partner, Uwe Ferber, Doreen Graumann
Promotor: ciudad de Markleeberg
Cliente: Hochtief Building, Edgar Lössnitz (responsable del proyecto)
Emplazamiento: Zöbigker Winkel, Cospuden, Alemania
Proyecto: 1997

Artificial landscape, Zöbigker Winkel, Cospuden, Germany

The design proposal is an artificial landscape arising from the manmade excavation landscape of the region. The landscape history of the place has been read and used as the generator of the design. The expansive river wetland that was formed by glacial action is the first landscape.

The 18th- and 19th-century agricultural settlement of the land with landowners' villas and small villages is the second landscape. *The large-scale artificial nature of the process of the coalmining excavations made during the 20th century is the* third landscape. *The new urban expansion of the city of Leipzig and the future region of lakes that will result during the next 40-50 years as the former mining holes become filled with ground water is the* fourth landscape. *These four landscapes are the basis of the design strategy.*

The Cospuden project is a prototype for the design of the shorelines within a vast new region of future lakes. The former Cospuden mine will become the first new lake in the region, and the nearest lake to the center of the city. A new wetland between the former agricultural village of Zöbgker and the lake forms a precedent relationship for the region between the urban village and the water. The lakefront of the new urban village is formed by the new apartment "solitaires" forming the edge to the wetland from the baroque village to the harbor ramp. The edge of the wetland to the lake is formed by the promenade dams, two long lines in the lake landscape, a memory of the sharp straight cutting edges of the mining holes.

The "solitaires", or "lake villas" as some like to call these buildings, could be seen as large stone boulders sinking in to the wetland, a reference to the vast geological landscape made by the glaciers and the sea.

The longhouses behind the "solitaires", in contrast, are hovering above the ground of the former garden of the villa, forming trapezoid-shaped spaces that open to the lake. The longhouses could be said to dance in the former park.

The design provides an urban repair strategy for the old village similar to that of Luigi Snozzi in Monte Carasso, Switzerland.

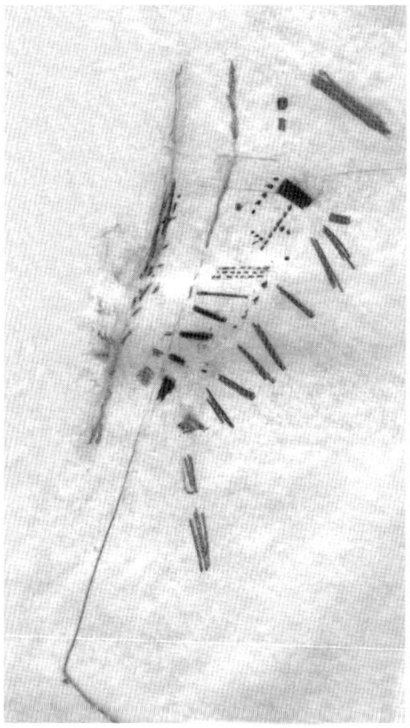

TECHNICAL DATA.
Authors: Florian Beigel & The Architecture Research Unit, University of North London
Collaborators: (competition) Arup Environmental Landscape Group, Marta Bayona Mas, Peter Beard, Dorothee Biefeld, Philip Christou, Mernoosh Khadivi, Adrienne du Mesnil, Philip Misselwitz. (Project) Peter Beard, Philip Christou, Ulrike Bräuer, Kord Büning-Pfaue, Timo Herrmann, Marieke Lamm, Daniel Mallo Martínez, Verena Nelles, Xavier Ortíz Salazar, Benjamin Schnüking, Arup Environmental Landscape Group, Projektegruppe Stadt- und Entwinklung-Ferber, Graumenn & Partner, Uwe Ferber, Doreen Graumann
Developer: the town of Markleeberg
Client: Hochtief Building, Edgar Lössnitz (in charge of the project)
Location: Zobigker Winkel, Cospuden, Germany
Project: 1997

Beigel introduce una lectura de la historia del lugar como generatriz del proyecto, a partir de cuatro generaciones de paisajes que sugieren una taxonomía de las interfaces como discontinuidad física y temporal y lugares de cambio e intercambio. Crea un nuevo espacio de gradiente, de marisma entre la ciudad y los lagos. Un espacio con base o referencia natural, vuelto hacia la naturaleza, que nos conduce a su encuentro en el espacio y en el tiempo. Se trazan puntos desde los que poder "recuperar" las memorias del lugar, desde donde "afloran" diversos momentos.

Beigel introduces a reading of the location's history as a generator of the project, proceeding from four generations of landscape that suggest a taxonomy of interfaces as both physical and temporal discontinuities and sites of exchange and interchange. A new gradient space, a wetland between town and lake. A space with a natural base or reference, restored to nature, that leads us towards a spatio-temporal encounter with it. Points are traced from which the memories of the place can be "recuperated", from which different moments "surface".

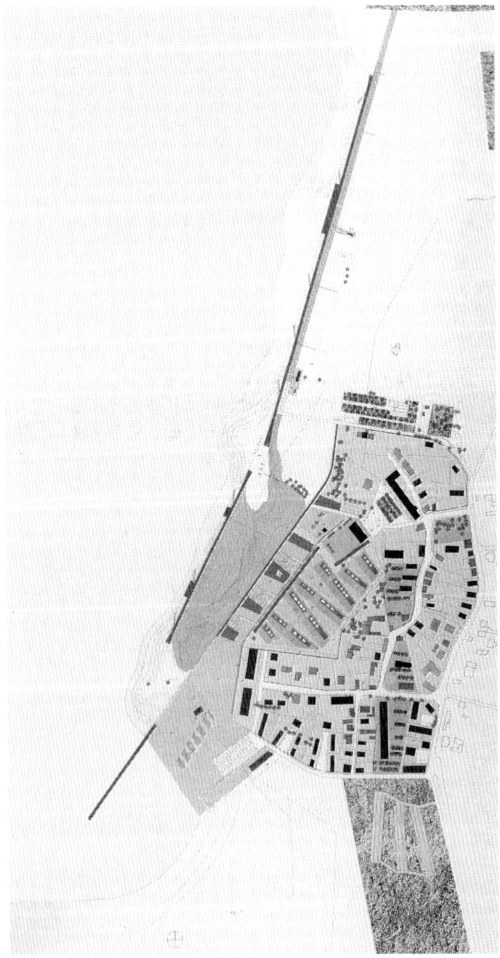

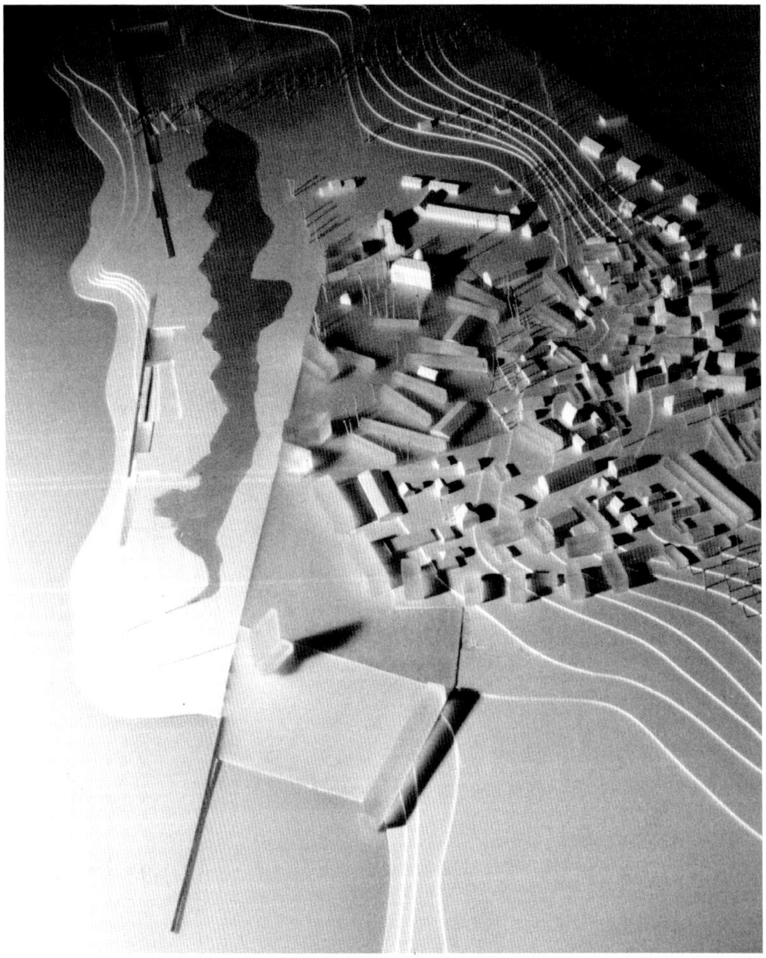

Paisajes en segundas naturalezas, Zöbigker Winkel, Cospuden, Alemania

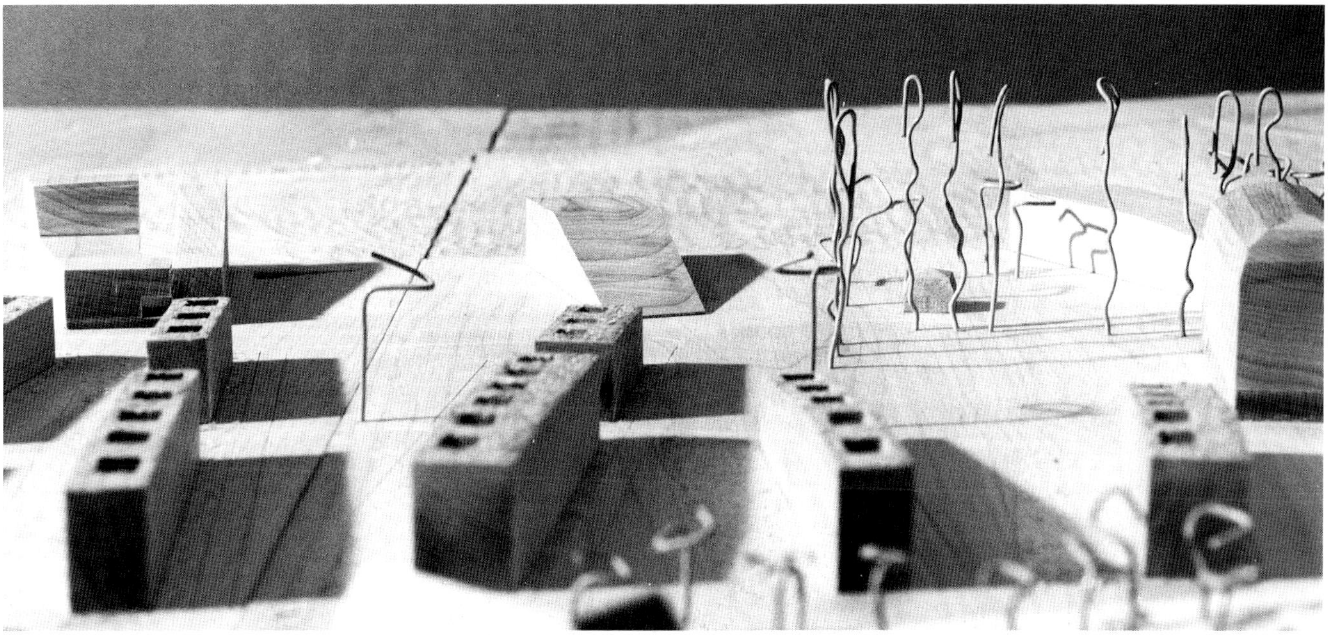

Artificial landscape, Zöbigker Winkel, Cospuden, Germany

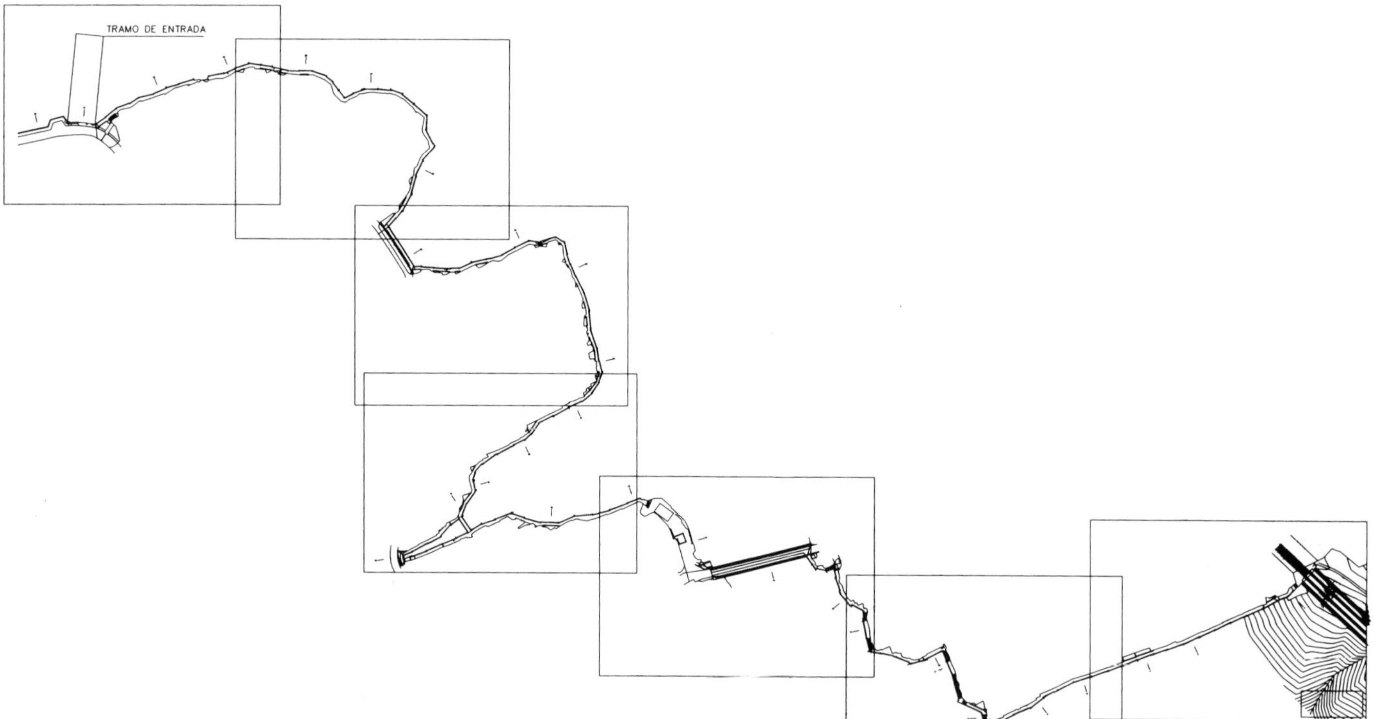

Lorenzo y José Antonio Fernández Ordóñez

Caminito del Rey, desfiladero de Gaitanejo, Málaga, España

El Caminito del Rey tiene en sus dos desfiladeros, el del Gaitanejo y el de los Gaitanes, unos lugares de especial interés para reflexionar acerca de la intervención humana en la naturaleza, ya que mantienen como principal atractivo el carácter indómito de una fuerza primigenia en un espacio donde se puede leer la huella humana.
El interés del desfiladero no reside en sus características meramente paisajísticas o sus cualidades como parque natural, sino en sus cualidades geomorfológicas. De hecho, tiene rastros de presencia humana desde épocas primitivas hasta prácticamente la actualidad. Huellas del hacer del hombre que, en muchos casos, no son "blandas" sino que, como el ferrocarril, irrumpen en el desfiladero y, de no ser por su verdadera fuerza visual, desbaratarían sus posibilidades como espacio de singular belleza natural.
El nuevo camino se separa de la pared de roca caliza y discurre apoyado en ménsulas dobles, prácticamente en paralelo a la montaña, como si fuera el eco de su movimiento.
El camino adquiere, así, una personalidad propia que le permite distanciarse como objeto, como instrumento de una medición poética de la montaña y de la naturaleza tectónica, de modo que, más que constituir algo que nos permite estar allí, se convierte en algo que es allí. Las ménsulas aparecen como elementos estructurales sin una referencia arquitectónica clara, para que se vinculen con la dimensión de la montaña. Buscan ser elementos a la escala de la montaña, más que a la escala del hombre.
El camino se acopla y mide una línea horizontal de la montaña en un intento por comprenderla, como si fuera un enorme instrumento que, sin llegar a tocarla, reproduce todos sus movimientos. Es una medición poética, una apropiación poética, no real, de la naturaleza. Lo importante es, por tanto, lo medido: una montaña. Pero no se introduce el número de una manera rígida, sino que la tecnología se entiende como algo que debe amoldarse a la preexistencia. Su papel es devolver el sentido a las relaciones entre el hombre y la naturaleza. Debe permitir al hombre entrar en el desfiladero, y también debe permitirle contemplar lo inconmensurable del lugar, desde la posición de una técnica que no compite con la naturaleza, sino que se asombra y se admira ante esta naturaleza desbordada.

FICHA TÉCNICA:
Autores: Lorenzo Fernández Ordóñez (arquitecto) y José Antonio Fernández Ordóñez (ingeniero de caminos)
Colaboradores: Luis Ignacio Bartolomé Biot, Jaime Galmés, Esperanza Kahle, Inmaculada López, Santiago de Molina, Jesús Román, Javier Sancho (arquitectos). Julio Martínez Calzón, Miguel Ángel Delgado, Francisco Millanes Mato (ingenieros de caminos). Daniel Díaz Font (fotógrafo). Esther Castelló, Armando de la Cruz, Enrique Kahle, Sixto Fernández Vadillo (estudiantes de arquitectura). Ana Jürschik, Manuel Molina (delineantes). Víctor Herranz (maqueta). Estudio Guadiana SL, Ideam SA (consultoras)
Cliente: Junta de Andalucía
Superficie: 2.016 hectáreas de parque natural; 9.000 m^2 construidos
Emplazamiento: Desfiladero de Gaitanejo, Málaga, España
Proyecto: 1994-1998
Construcción: 2000-2003

Caminito del Rey, Gaitanejo Gorge, Málaga, Spain

In its two gorges Gaitanejo and Los Gaitanes, the Caminito del Rey has places of especial interest when considering the intervention of man in nature, given that these gorges possess, as their chief attraction, the indomitable character of a primitive strength in a space in which the human imprint can be seen.
The interest of the gorge does not reside in its merely landscapist characteristics or its qualities as a nature park, but in its geo-morphological features. In fact it contains traces of a human presence from primitive times until almost the present day. Traces of man's activity which in many instances are not "soft" ones, because, as the railroad does here, they irrupt into the gorge and, in not being visual in themselves, undermine its potential as a space of outstanding natural beauty.
The new path is separated from the limestone rock and progresses on top of twin cantilevers, practically in parallel to the mountain and as if it were an echo of its movement. The path thus acquires a personality of its own, enabling it to distance itself as an object, as a poetic measuring device of the mountain and of tectonic nature, in such a way that, rather than constituting something that permits us to be there, it is converted into something that is there. So as to link up with the size of the mountain, the cantilevers emerge as structural elements without a clear architectural reference. They seek to be elements on the scale of the mountain, rather than on a human scale.
In an attempt to comprehend the mountain, the path connects with and takes its measure from the former's horizontal line, as if it were a huge device that, without ever touching the mountain, reproduces all its movements. It is a poetic measure, a non-real, poetic appropriation of nature. The important thing, therefore, is the thing being measured: a mountain. Size is not introduced in a rigid manner, however; instead, technology is understood as something that can be molded to what preexists. Its role is to restore meaning to the rapport between man and nature. It must permit man to enter the gorge and also allow him to contemplate the vastness of the place from the angle of a technics that doesn't compete with nature, since it is awed and astonished by the overwhelming aspect of the latter.

TECHNICAL DATA:
Authors: Lorenzo Fernández Ordóñez (architect) & José Antonio Fernández Ordóñez (civil engineer)
Collaborators: Luis Ignacio Bartolomé Biot, Jaime Galmés, Esperanza Kahle, Inmaculada López, Santiago de Molina, Jesús Román, Javier Sancho (architects). Julio Martínez Calzón, Miguel Ángel Delgado, Francisco Millanes Mato (civil engineers). Daniel Díaz Font (photographer). Esther Castelló, Armando de la Cruz, Enrique Kahle, Sixto Fernández Vadillo (architecture students). Ana Jürschik, Manuel Molina (draftsmen). Víctor Herranz (model). Estudio Guadiana SL, Ideam SA (consultants)
Client: Junta de Andalucía
Surface area: 2016 hectares of Nature Park; 9,000 m^2 of built area
Location: Gaitanejo Gorge, Málaga, Spain
Project: 1994-1998
Construction: 2000-2003

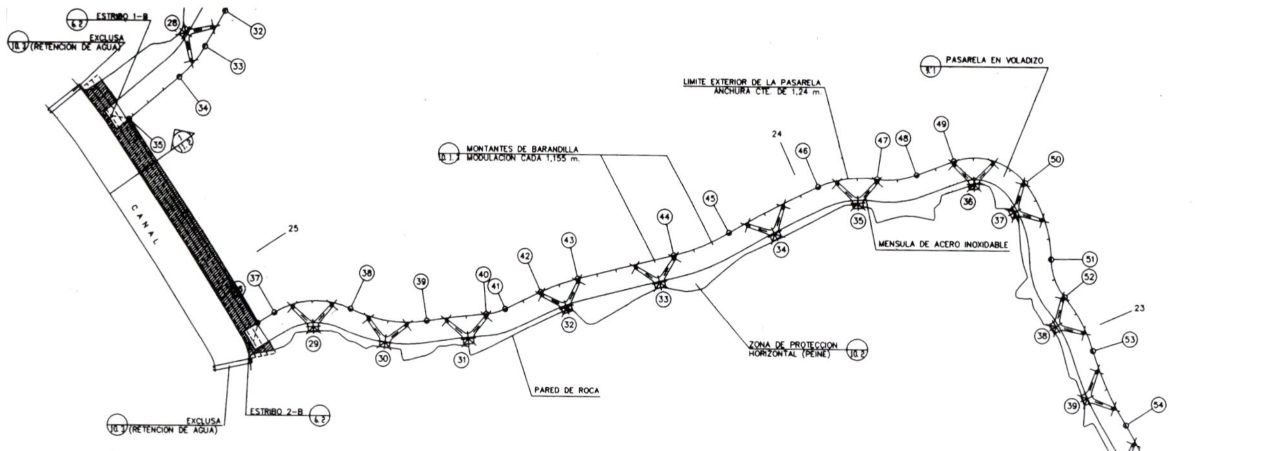

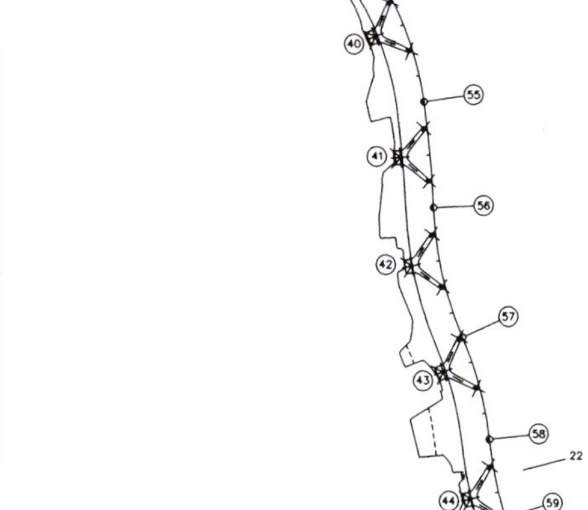

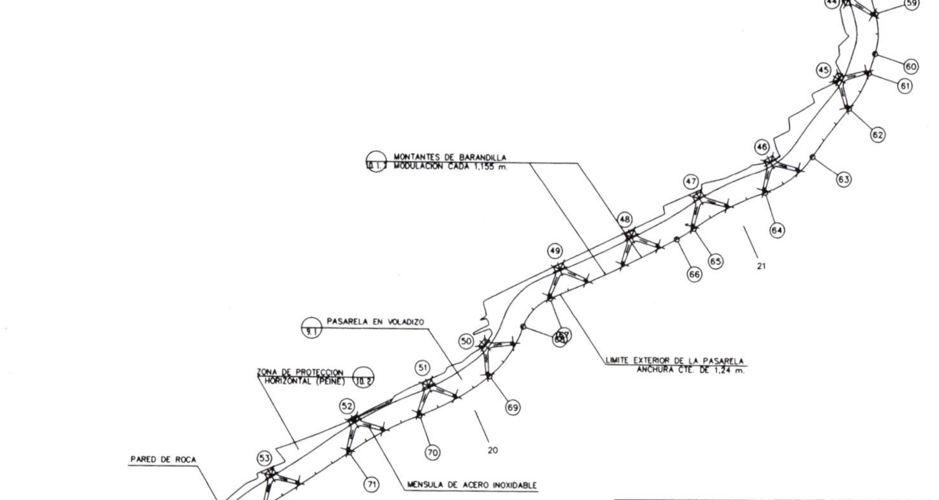

Ordóñez quiere individualizar el camino y permitir desde él la observación de la pared rocosa. El anclaje original aparece hendido por una grieta, y lo que fue camino junto a la roca se ha convertido en pasarela suspendida en el vacío. El cambio va de lo meramente utilitario a lo eminentemente paisajísitico, trasciende lo formal e invoca nuevos referentes, enunciando una poética del lugar que configura el argumento de la remodelación.

Ordóñez seeks to individualize the path and permit observation of the rocky wall. The original anchoring is apparently split by a fissure, and what was a path next to the rock has been converted into a footbridge suspended over the void. The change extends from the merely utilitarian to the eminently landscapist: it transcends the formal and invokes new referents, enunciating a poetics of place that provides the rationale for the remodeling.

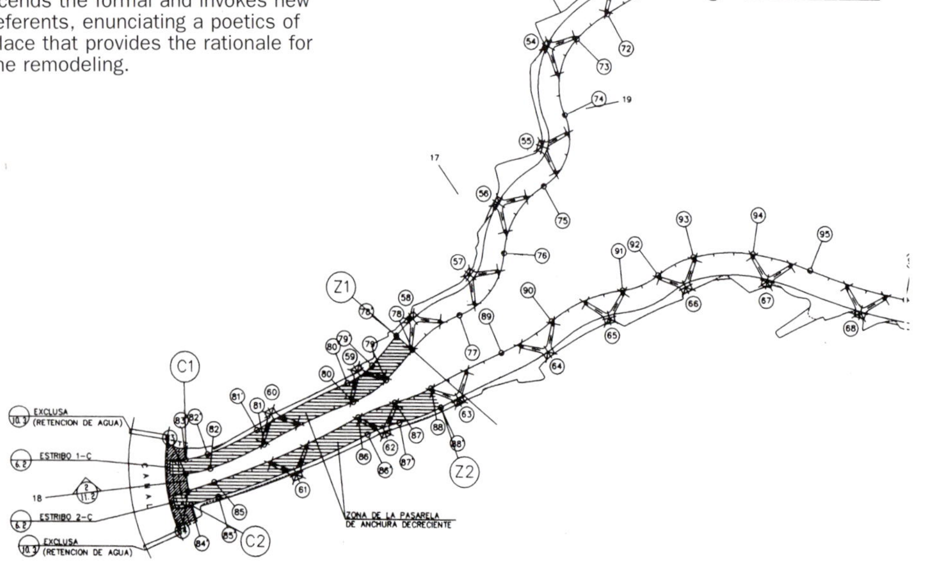

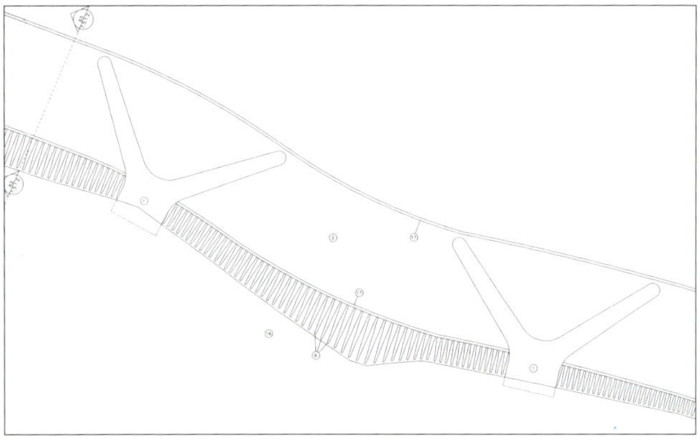

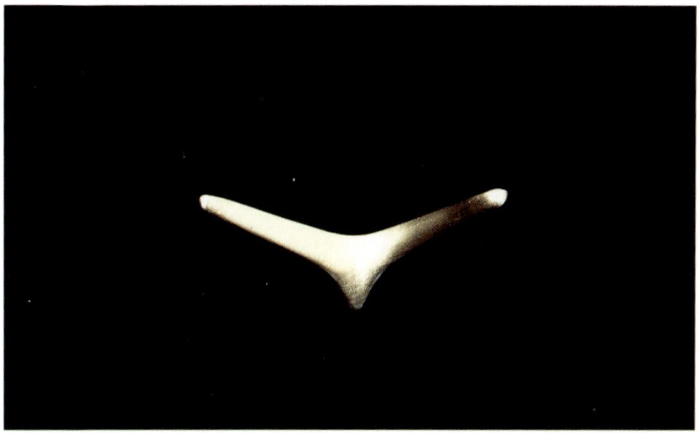

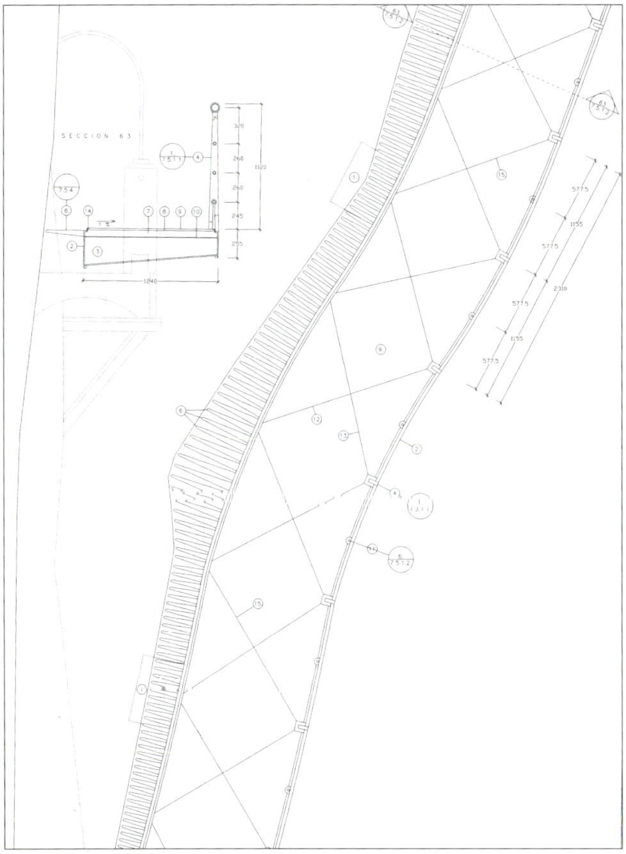

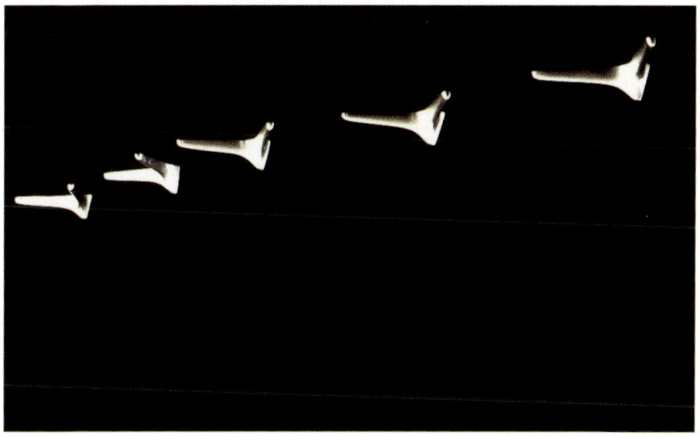

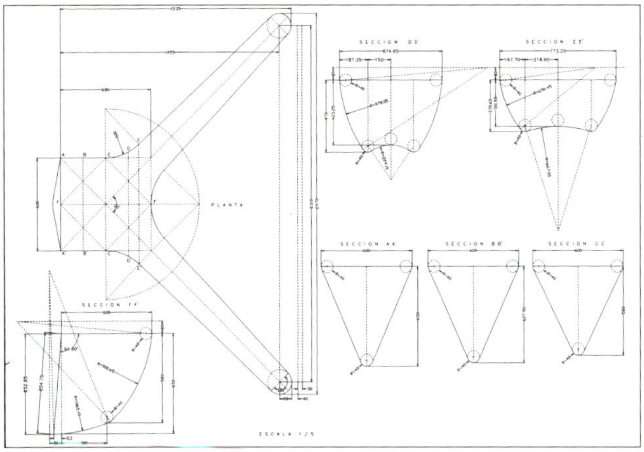

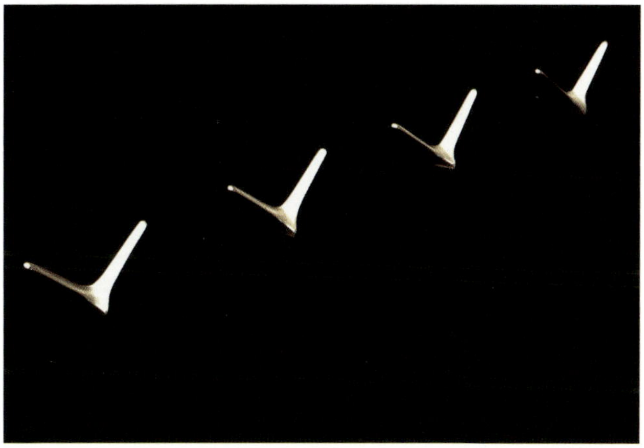

Caminito del Rey, Gaitanejo Gorge, Málaga, Spain

Campos de Fresas, Londres, Gran Bretaña

La obra se divide en dos proyectos: el primero propone unos plazos para llevar a cabo los principales movimientos de tierra y el segundo establece un sistema de elementos construidos para reforzar el nuevo espacio abierto en la ciudad.

Un espacio de libertad

El desmonte de los terrenos de las vías férreas de Stratford, al este de Londres, se ha propuesto como parte de una operación de corte "en caja" a realizarse en el lugar, como preparación para la nueva terminal de ferrocarril de alta velocidad TGV. Los materiales de desecho que se generen durante la construcción del nuevo túnel internacional de ferrocarril, se utilizarán en cinco campos ligeramente inclinados, con la intención inicial de dedicarse al cultivo de fresas. La ubicación de los campos, entre el emplazamiento de la nueva terminal internacional de ferrocarril y el centro comercial de Stratford, permite que el enlace ferroviario integre en sus márgenes un espacio abierto en la ciudad, un espacio de libertad tras la compresión de la ciudad.

Estrategia de proyecto

En la última fase del desarrollo, el proyecto propone un sistema de edificios proyectados para soportar este "vacío". En una nueva lectura de la ciudad vertical ideal de Le Corbusier, cada edificio está programado para albergar una combinación de funciones tanto industriales como domésticas. De este modo, se han propuesto un conjunto de iniciativas de construcción, controladas de modo independiente por los sectores de ocupación privado y público, pero que se encuentran unas al lado de las otras en el mismo edificio.

A escala urbana, la orientación de los edificios refleja una trama que está en consonancia con otros elementos superiores de infraestructura del valle del Lea. A escala local, las construcciones están relacionadas, en último término, con la configuración del terreno. Cada edificación encuentra su lugar en relación con el material residual del terreno y los centros de clasificación.

Mediante operaciones sobre el terreno como estas, el paisaje denota sus condiciones de uso y ocupación, y su forma puede convertirse en evocación de una experiencia particular del lugar.

Una topografía de ampliación

El acercamiento es algo aditivo, un proceso que tiene que ver con el material existente en una situación determinada, como una cortina en la que es posible leer la historia del uso y de la reutilización, que no es sólo topográfica, sino también biográfica y personal.

FICHA TÉCNICA:
Autor: Dan Jones. Proyecto Fin de Carrera, Escuela de Arquitectura de la Univesity of North London
Tutores: Florian Beigel y Philip Christou
Emplazamiento: Londres, Gran Bretaña
Proyecto: 1995

Strawberry fields, London, UK

The work divides itself into two projects: the first proposes a schedule for major earth-moving operation; the second proposes a system of built elements designed to reinforce a new open space in the city.

A space of release

Clearance of the Stratford rail lands in East London is proposed as part of a box-cutting operation due to take place on the site in preparation for a new HST fast rail terminal. During this operation, spoil generated whilst constructing the new international rail tunnel is used to form five moderately sloping fields, initially intended for cultivation as strawberry fields. The fields' location, between the site of the new international railway terminal and Stratford's commercial center, enables the rail link to absorb at its margins part of an open space in the city, a space of release after the compression of the city.

Building design strategy

In a later phase of development, the design proposes a system of buildings designed to support this "void". In a re-examination of Corbusier's vertical city ideal, each building is programmed to support a combination of industrial and domestic functions. In this way, a set of separately controlled building initiatives for both private and public sector occupation are proposed alongside each other in the same building.

At the scale of the city, the building's orientation reflects a crossing pattern consistent with other major pieces of infrastructure in the Lea Valley. At a local scale the buildings are ultimately concerned with the space of the ground. Each building finds its place in relation to a residual ground fabric of the marshalling yards. Through ground operations such as these, landscape registers its conditions of use and occupation, and the shape of the land can become evocative of a particular experience of place.

A topography of accretion

Accretion is additive, a process concerned with laying material on a given situation like a curtain, in which it is possible to read a history of use and re-use that is not only topographical but also biographical and personal.

TECHNICAL DATA:
Author: Dan Jones. Final course project, Univesity of North London School of Architecture.
Tutors: Florian Beigel & Philip Christou
Location: London, UK
Project: 1995

Jones se supedita o aprovecha situaciones y materiales ligados a un proyecto de gran envergadura. Aprovecha las tierras "removidas" en las obras del nuevo intercambiador internacional para crear un paisaje rugoso u ondulado que se asemeja al relieve preexistente en la zona. El proyecto se propone como modelador del vacío, de modo que la edificación se presenta como una capa superpuesta "para llenar el vacío que se ha modelado".

Jones relies on and utilizes situations and materials connected with a project of considerable scope. He uses the earth moved during the construction of a new international rail link to create a ridged, undulating landscape that is similar to the surface relief preexisting in the area. The project is proposed as a modeler of empty space, so that the construction is presented as an overlaid layer "to fill the void that's been formed."

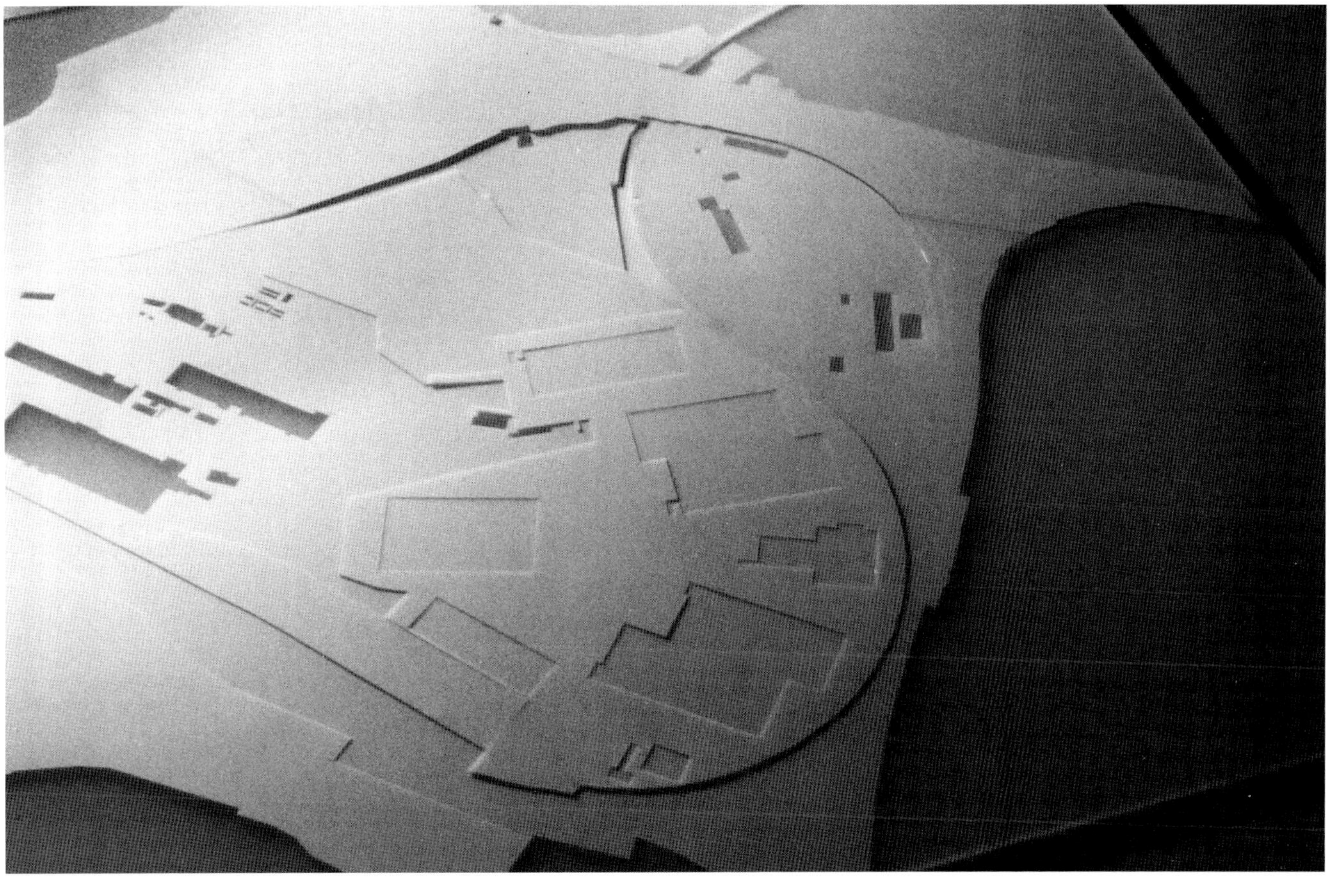

Strawberry fields, London, UK

Lodewijk Baljon/VISTA

Complejo de esclusas y terminal de red de arrastre cerca de Enkhuizen, Holanda
Maaswerk, ampliación del puerto principal de Rotterdam, Holanda

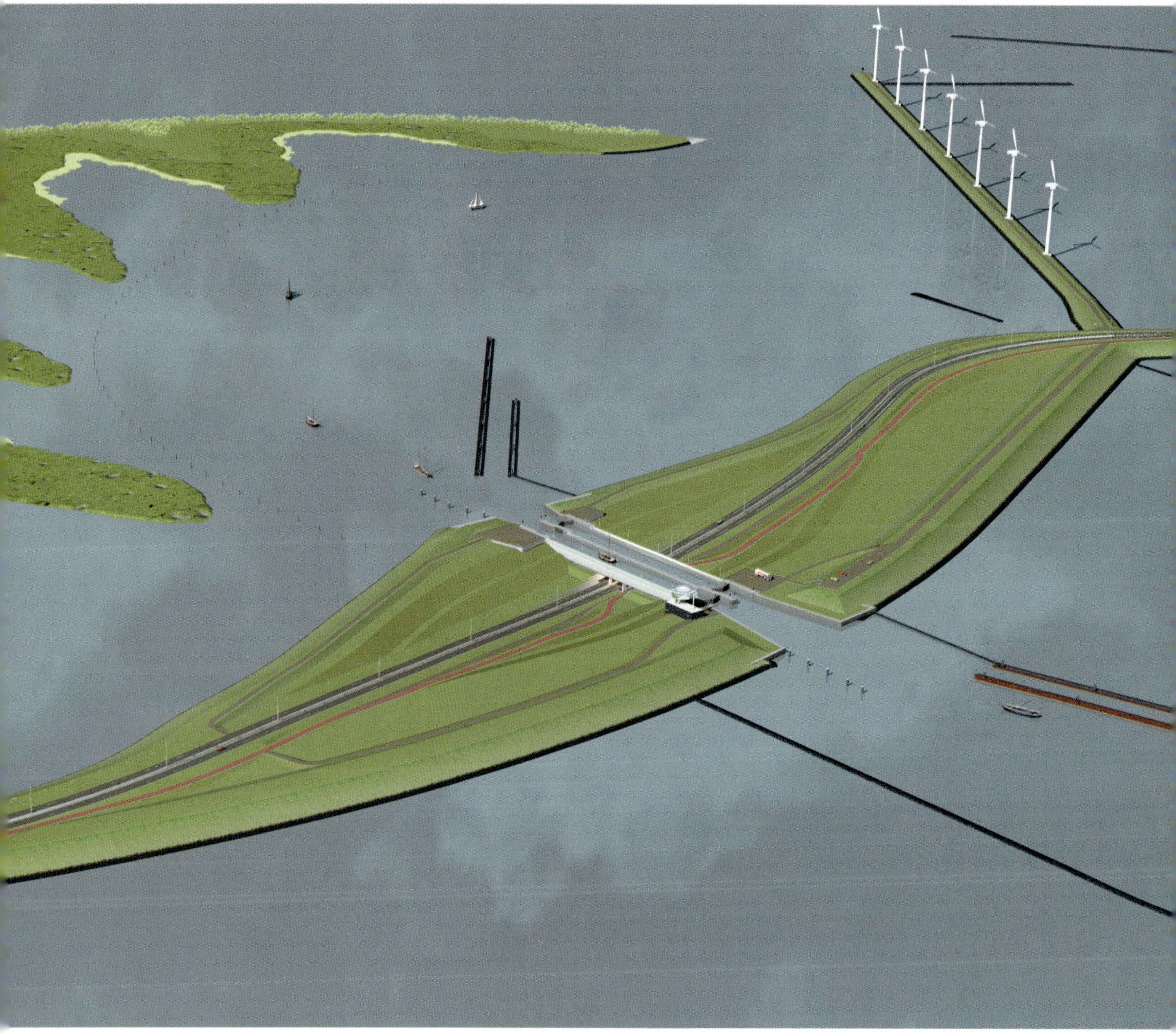

El tiempo es un elemento activo de estos dos proyectos, al que regulan dos procesos complementarios: acrecimiento y progradación, procesos típicos de posiciones de "al lado de" cuando se ponen en contacto un elemento estático y otro dinámico. El primero sirve de soporte y el segundo aporta el material que es retenido.
El proyecto Maaswerk de grupo VISTA, a pesar de su esfuerzo "ecológico", resulta irremediablemente artificial. Tal vez lo resulta porque –precisamente por el hecho de ser ecológico– renuncia a maquillar su actuación con concesiones a un paisajismo aparentemente naturalizado. Estamos muy acostumbrados a que aquello que parece natural no lo sea desde la perspectiva ecológica, pero, ¿y a la inversa? ¿Es posible que aquello que sea natural o ecológicamente reconstruido pueda adoptar la apariencia de poco natural? Baljon describe el pólder Baggerport como un proyecto en el que concurren la ingeniería y el land art en un trabajo conjunto a lo largo de todo el proceso proyectual. El resultado, deliberadamente artificial, genera formas de acrecimiento que orientan la evolución en un determinado sentido que encaja con la dinámica natural de la zona.

Lodewijk Baljon/VISTA

Lock complex and dredging depot near Enkhuisen, Holland
Maaswerk, extension of Rotterdam Main Port, Holland

In these two projects, time is an active ingredient governing two complementary processes, growth and pro-gradation, processes typical of "alongside" situations when a static and a dynamic element are placed in contact. The first serves as a support and the second provides the matter that is retained.
Despite its "ecological" emphasis, the VISTA group's Maaswerk project is irremediably artificial. Maybe it's like this because –due precisely to the fact of its being ecological– it refuses to disguise the intervention with concessions to a seemingly naturalized landscaping. We are highly accustomed to what may appear natural not being so from the ecological angle, but is the opposite true? Is it possible for what is natural or ecologically reconstructed to assume the appearance of not being natural?
Baljon describes the Baggerport polder as a project in which engineering and Land Art meet in a joint work extending over the whole projectural process. The deliberately artificial result generates forms of growth that orient the development in a direction which fits in with the dynamic of the area, a dynamic which, while not natural, is a "jump-start".

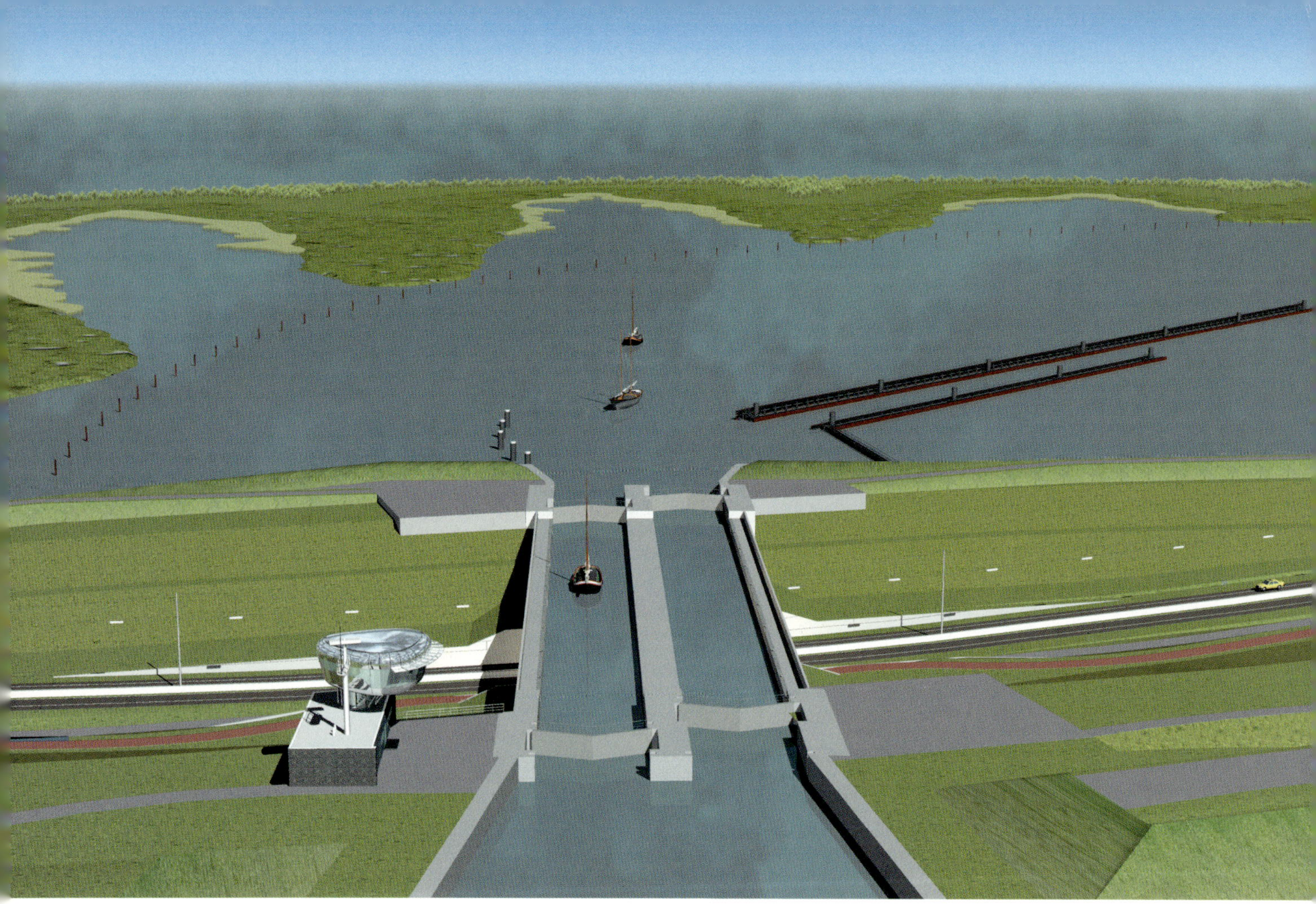

Complejo de esclusas y terminal de red de arrastre cerca de Enkhuizen

La construcción de un segundo muelle en el dique entre Ehkhuizen y Lelystad es un ejemplo de cómo el trabajo de un paisajista es capaz de proporcionar también consejo y asistencia a los planificadores, acerca de la orientación y el modo de proyectar el conjunto de las estructuras de ingeniería.

Se construirá una segunda ampliación del dique en el codo, y en paralelo al dique existente que divide los lagos Ijselmmer. Este hecho dará lugar a un largo pólder en diamante, de 50 hectáreas, que se encuentra once metros por debajo del NAP (Normaal Amsterdams Peil). La carretera, que en la actualidad transcurre a lo largo de la parte superior del dique, será reconducida a lo largo de la base del pólder, haciendo con ello posible la construcción, sin restricciones de altura y directamente a través del pólder, de una cámara doble intermedia en el muelle de 120 metros de longitud. Se construirá como una cámara de hormigón con el aspecto de un acueducto.

El proyecto del paisaje contiene las propuestas para las orillas interior y exterior del dique, para la zona de asiento y el tratamiento de un millón de metros cúbicos de material que serán dragados durante la excavación del pólder. Este material se utilizará para construir un malecón exterior que proteja al complejo de esclusas del oleaje y del hielo flotante. Las estructuras exteriores se han proyectado en una curva cerrada, con un lecho de grava que, además, estará flanqueada por una hilera de álamos negros. El lado de sotavento está proyectado como área de laguna con largos riachuelos. Todo ello se irá desarrollando para convertirse en un biotopo con vegetación natural y colonias animales propias de las zonas pantanosas de agua dulce. Durante los primeros años, el depósito se protegerá desde el interior mediante un largo muro de contención. Éste se irá asentando y se hundirá gradualmente bajo el agua, dejando que ésta entre en la laguna. El plan se basa en la conexión inteligente de proyectos que contrastan considerablemente; las estructuras de ingeniería y las del área natural. Su fuerza radica en el hecho de que estos eventos quedarán inscritos en la topografía del lugar.

FICHA TÉCNICA:
Autor: Lodewijk Baljon
Colaboradores: Zwarts en Jansma
Promotor: Rijswaterstaat
Superficie: 10 hectáreas (pólder), 50 hectáreas (complejo)
Emplazamiento: Markerwaarderdijk (entre Enkhuizen y Lelystad), Holanda
Proyecto: 1996
Construcción: 1997-2001

Lock complex and dredging depot near Enkhuisen

The building of a second dock in the dike between Enkhuizen and Lelystad is an example of how the work of the landscape architect has expanded to include the provision of advice and assistance from technical planners and engineers on the orientation and design of entire engineering structures.

A second extension to the dike will be built in the bend of, and parallel to, this dike, which divides the IJselmmer lakes. This will create a long, diamond-shaped 50-hectare polder lying 11 meters below NAP (Normaal Amsterdams Peil). The road that now runs along the top of the dike will be rerouted along the bottom of the polder, making it possible to construct a 120-meter-long double dock chamber with no headroom restrictions straight through the polder. It will be built as a concrete chamber, making it resemble an aqueduct.

The landscape design contains a proposal for the inner and outer banks of the dike and the siting and treatment of the one million cubic meters of material to be dredged during the excavation of the polder. This material will be used to create an outside harbor to protect the lock complex from wave action and floating ice. The outer structures have been designed in the shape of a tight curve with a revetment of riprap, which in turn will be lined with a row of black poplars. The leeward side is designed as a lagoon area with long creeks. This will gradually develop into a biotope with natural vegetation and animal communities belonging to the freshwater marshland. For the first few years the depot will be protected on the inside by a long embankment. This will settle and gradually sink beneath the water, allowing the water free rein in the lagoon. The plan is based on linking the strongly contrasting designs for the engineering structure and the nature area in an intelligent manner. The power of the design lies in the fact that these events will remain inscribed in the topography of the site.

TECHNICAL DATA:
Author: Lodewijk Baljon
Collaborators: Zwarts en Jansma
Client: Rijswaterstaat
Surface area: 10 hectares (polder), 50 hectares (lock complex)
Location: Markerwaarderdijk (between Enkhuizen and Lelystad), Holanda
Project: 1996
Construction: 1997-2001

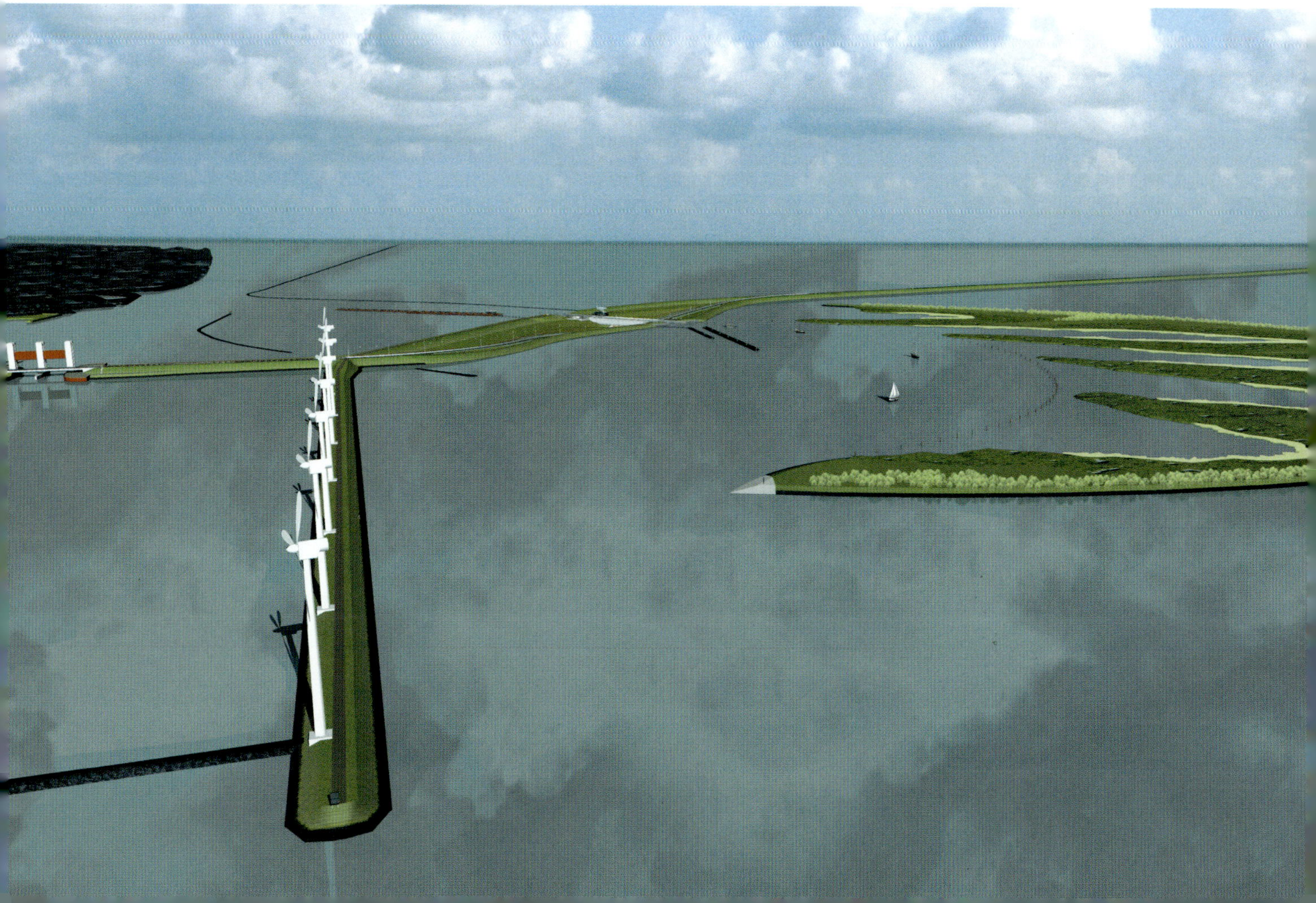

VISTA

Maaswerk, ampliación del puerto principal de Rotterdam

Para posibilitar y mejorar la situación económica del puerto de Rotterdam, se ha llevado a cabo un estudio que valore posibles ampliaciones del puerto principal. La ampliación es especialmente importante para la maniobrabilidad de los grandes petroleros y navíos, y por ello debería ser proyectado en un emplazamiento cercano al mar abierto. El área actual Maasvlakte 1 del puerto es ya una extensión de tierra firme en el Mar del Norte, y el área Maasvlakte 2 constituirá una ampliación aún mayor, que ejercerá un gran impacto en su entorno. El tamaño de Maasvlakte 2 dependerá del desarrollo económico, y se espera que oscile entre las 500 y las 2.000 hectáreas. Se ha tomado la decisión de que el daño en el entorno debería compensarse con 750 hectáreas de nuevas zonas naturales y con la mejora de las instalaciones de ocio.

El daño causado en la naturaleza afecta principalmente a las cercanías de las dunas de Voornes. Este área de dunas tiene la mayor variedad de especies vegetales de Europa Occidental, fundamentalmente como resultado de las pulverizaciones de sal durante las tormentas del suroeste. Es posible que Maasvlakte 2 proteja las dunas de las tormentas y, por consiguiente, prive al área de su especial carácter. El daño puede producirse también en el área costera poco profunda, tanto directamente mediante la destrucción de su ecotopo a causa de la construcción de Maasvlakte 2, como indirectamente debido al incremento de la erosión a lo largo de la línea de costa. Se desarrollaron cuatro alternativas diferentes para Maasvlakte, en las que se contemplaba tanto la ampliación de 2.000 hectáreas como las 750 hectáreas de nuevas zonas naturales. Teniendo en cuenta los mayores efectos sobre las dunas de Voornes de las alternativas de la zona sur, se eligieron para su desarrollo los dos proyectos con una ubicación más al norte.

"El cúmulo" es el proyecto que ofrece una integración máxima entre las actividades del puerto, la naturaleza y el ocio. En este proyecto, el área tendrá la estructura de una isla del Dutch Wadden, un área dinámica de dunas en la orilla y un área interfluvial de llanura inundada a sotavento. El tiempo es un factor importante en el proyecto. El área de dunas será y se mantendrá como zona de reserva natural, mientras que las llanuras inundadas existirán temporalmente hasta que se transformen en área portuaria. Este hecho concuerda con el tiempo que el área de dunas necesita para evolucionar hasta convertirse en una zona adecuada para el asentamiento rápido de los ecosistemas propios de las zonas inundadas, que son también de importancia para las aves migratorias a lo largo de la costa. Una estructura permanente de "diques de dunas" separa la llanura inundada en compartimentos que pueden transformarse por separado. Este proyecto integrado penetra sobresaliendo en el mar hasta aguas profundas. Por ello necesita el implemento de una gran cantidad de arena (300 millones de metros cúbicos). Al realizar una compensación en la naturaleza, en la zona amplia y poco profunda que se encuentra cerca, la misma cantidad de arena (y dinero) puede conducir a la creación de una nueva zona natural, que se desarrollará en el siguiente proyecto.

El otro proyecto: "la cuña", proporciona una separación de funciones extremadamente eficaz. Al separar la zona del puerto y el área de compensación natural se crea una zona de puerto muy eficiente junto con una zona mucho mayor (1.250 hectáreas) de nueva zona natural. Ambos, puerto y zona natural, se construyen en cuatro fases, de acuerdo con el despliegue económico del área. El área natural consiste en una nueva duna dinámica donde la actual zona de dunas es extremadamente angosta, y en adiciones al área costera, poco profunda, para disminuir la erosión de la costa. Ofrece posibilidades para el desarrollo de un centro vacacional de calidad, un área de puerto deportivo y de playa, dentro de la zona densamente poblada de Randstad.

Ambos proyectos pueden tener gran calidad, y sopesar la importancia de sus características conducirá, en el futuro cercano, a la elección de una de las dos estrategias.

FICHA TÉCNICA:
Autores: Rijk de Visser, Sjef Jansen, Hans ven Engen, Klaas Jan Wadenaar. VISTA (arquitectos paisajistas)
Colaboradores: AID Environment, Alkylon (consultores hidráulicos)
Promotor: VERM, Rotterdam
Emplazamiento: Maasvlakte, puerto de Rotterdam, Holanda
Proyecto: 1997

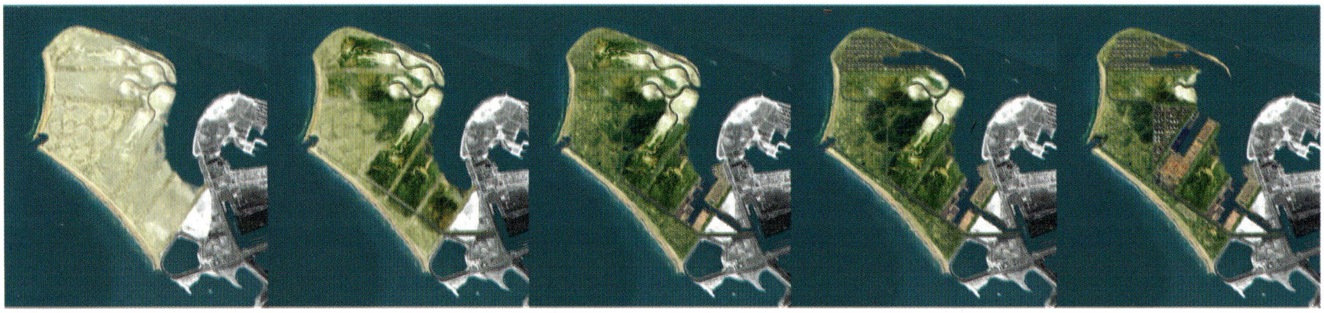

Maaswerk, extension of Rotterdam Main Port

In order to ease and improve the economic situation of Rotterdam harbor, a study has been carried out as to a possible extending of the main port. This extension will be especially important for the maneuvering of large tankers and ocean vessels and should therefore be planned close to the open sea. The present harbor area of Maasvlakte 1 is already an extension of the land into the North Sea, while Maasvlakte 2 will extend still further and have enormous impact on its surroundings. The size of Maasvlakte 2 will depend on economic developments and is expected to be between 500 and 2,000 hectares. It has been decided that environmental damage should be compensated for by 750 hectares of new natural areas and the improvement of recreational facilities.

Damage to nature mainly concerns the nearby Voornes Duin. This dune area has the greatest diversity of plant species of Western Europe, largely as a result of heavy salt-sprays during southwesterly storms. Maasvlakte 2 may screen the dune from the storms and therefore deprive the area of its special character. Damage will also occur in the shallow coastal sea, both directly by destruction of this ecotope through the building of Maasvlakte 2, and indirectly, by an increase in erosion along the coastline.

Four different schemes were developed for Maasvlakte 2, all consisting of 2000 hectares of harbor and 750 hectares of new nature areas. In relation to the effects of the southerly alternatives on Voornes Duin, two plans for the most northerly situation were chosen for development.

"The Pile" is a plan for maximum integration of all harbor activities, nature and recreation. In this plan the area will have the structure of a Dutch Wadden island, a dynamic dune area on the seaward side and a muddy inter-fluvial floodplain on the leeward. Time is an important factor in this plan. The dune area will remain a nature reserve, while the floodplains will exist temporarily until they are transformed into a harbor area. This is consistent with both the time a dune area needs to evolve and the rapid settlement of floodplain ecosystems, which are also of temporary importance for the large numbers of birds migrating along the coast. A permanent structure of "dune dikes" separates the floodplain into compartments that can be separately transformed. This integrated plan extends far out into deep water. For that reason it requires a huge supply of sand (300,000,000 m3). By creating a natural compensation in a large shallow area nearby, the same amount of sand (and money) can lead to a much bigger nature area, which is developed in the next plan.

The second plan, "The Wedge", allows for a maximally efficient separation of functions. By separating the harbor and nature compensation area, a highly efficient harbor zone is created, together with a much larger nature area of 1,250 hectares. Both harbor and nature area are constructed in four stages, according to economic strictures. The nature area consists of a new dynamic dune, where at present the dune area is extremely narrow, and additions to the shallow coastal sea to diminish erosion of the coast. It offers the possibility of developing a top-class seaside resort, marina and beach almost within the densely populated Randstad area.

Both are quality plans. After weighing up their different characteristics, one of the two strategies will be chosen in the near future.

TECHNICAL DATA:
Authors: Rijk de Visser, Sjef Jansen, Hans ven Engen, Klaas Jan Wadenaar. VISTA (landscape architects)
Collaborators: AID Environment, Alkylon (hydraulic consultants)
Client. VERM, Rotterdam
Location: Maasvlakte, Rotterdam Port, Holland
Project: 1997

INFRAESTRUCTURAS
INFRASTRUCTURES

SPARK

Parque Byxbee, Palo Alto, California, EE UU

El proyecto del parque intenta encontrar el equilibrio entre el deseo público de un parque pintoresco de estilo decimonónico y las necesidades de sistemas medioambientales con un alto grado de sensibilidad, así como con las restricciones inherentes a la construcción sobre superficies de vertedero: superficies siempre permeables (todos los caminos son de conchas de ostras machacadas); sin árboles cuyas raíces pudiesen perforar la capa de arcilla; sin sistema de riego (por ello sólo se utilizan herbáceas de la zona).

El proyecto es complejo ya que está compuesto por diversos elementos entrelazados. La entrada al parque está marcada por dos formas que configuran una "puerta de tierra". Grupos de pequeñas lomas sobre las grandes colinas proporcionan refugio frente al omnipresente viento y, a la vez, una vista panorámica de la bahía. Una llamarada en medio del lugar, que en el proyecto ha tomado la forma de ojo de cerradura, quema el exceso de gas y hace que uno recuerde la realidad física de la tecnología de los vertederos y de la basura que se encuentra debajo. Se han añadido una serie de formaciones, que desde el aire parecen abanicos aluviales, para controlar la erosión de los canales de drenaje. Se han colocado plataformas a lo largo de la línea de costa para proporcionar lugares confortables, protegidos del viento, desde los que disfrutar de las vistas y poder observar las grandes bandadas de pájaros que se mueven por las zonas húmedas cercanas en las épocas de migración.

Formando una puerta del parque, galones de hormigón amplían la línea de la pista de aterrizaje del adyacente aeropuerto de Palo Alto hasta entrar en el parque; los galones se ven desde el aire y tienen forma de una señal aeronáutica que significa "no aterrizar".

En el extremo del parque, donde converge la marisma natural con el cenagal del Cuerpo de Ingenieros de la Armada, una tierra de nadie, se pone de manifiesto la dicotomía entre lo hecho por el hombre, lo controlado por el hombre y las características de la ensenada natural autorregulada. Una escultura movida por el viento enfatiza la presencia de los fuertes vientos vespertinos del noreste que son una constante en el parque. En conjunto, el proyecto se inspira en las características únicas del emplazamiento: vertedero, cenagal, marisma, viento y cielo.

FICHA TÉCNICA:
Autores: Hargreaves Associates (Georges Hargreaves, Mary Margaret Jones, Pater Geraghty, Glenn Allen)
Artistas colaboradores: Peter Richards y Michael Oppenheimer
Emplazamiento: Palo Alto, California, EE UU
Proyecto: 1988-1989
Construcción: 1990-1991

Byxbee Park, Palo Alto, California, USA

The park design tries to balance the public desire for a 19th-century-style picturesque park with the necessities of highly sensitive environmental systems and with the site-development restrictions inherent to building on landfill: no impermeable surfaces (all paths are of crushed oyster shells); no trees whose roots might pierce the clay cap; no irrigation (so only native grasses are used).

The design is an intricate one, composed of several intertwined elements. The entrance to the park is marked by two landforms that form a "landgate". Clusters of small hillocks atop the large hills provide both refuge from the omnipresent wind and a prospect of the bay. A flare in the middle of the site, shaped in plan like a keyhole, burns off excess gas and reminds one of the physical realities of landfill technology and the garbage below. A series of landforms, which from the air look like alluvial fans, have been added to control erosion of the drainage swales. Platforms placed along the shoreline provide comfortable places, protected from the wind, from which to enjoy the view and observe the great populations of birds that move seasonally through the adjacent wetlands.

Forming a gateway to the park, concrete chevrons extend the line of the adjacent Palo Alto Airport airstrip into the park; the chevrons are visible from the air, forming an aeronautical symbol meaning "don't land here".

At the tip of the park where the natural marsh converges with the Army Corps of Engineers slough, a pole field draws attention to the dichotomy between the man-made and man-controlled, and the natural and self-regulated characteristics of the tidal basin. A wind-wave sculpture emphasizes the strong afternoon northwest winds that are constant at the Park. As a whole, the design draws inspiration from the place's unique characteristics: landfill, slough, marsh, wind and sky.

TECHNICAL DATA:
Authors: Hargreaves Associates (Georges Hargreaves, Mary Margaret Jones, Pater Geraghty, Glenn Allen)
Collaborating artists: Peter Richards, Michael Oppenheimer
Location: Palo Alto, California, USA
Project: 1988-1989
Construction: 1990-1991

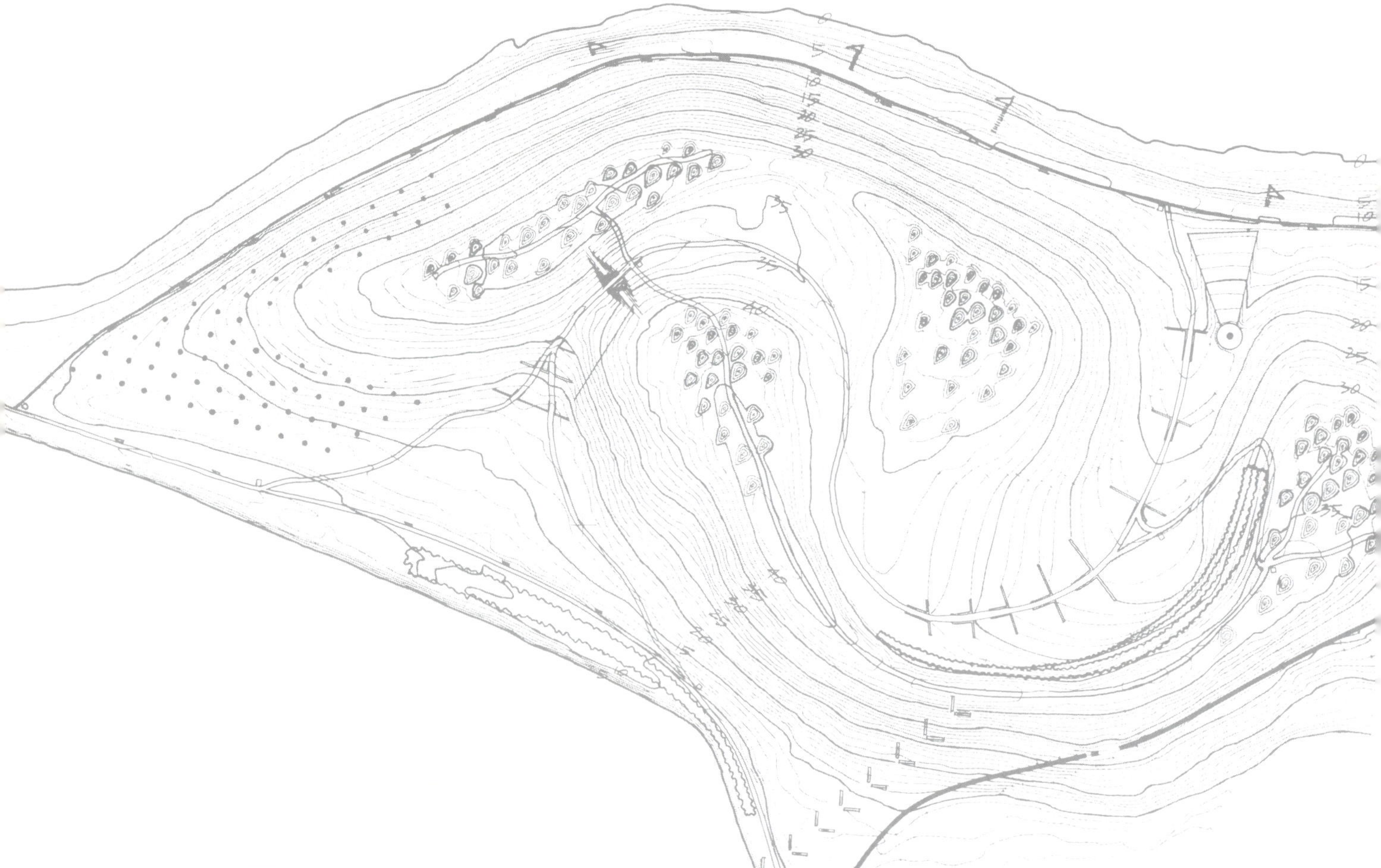

Parque Byxbee, Palo Alto, California, EE UU

El parque está, formalmente, al lado del agua, pero, de hecho, aparece como un espacio de sutura. Se podría incluso hablar de una indentación o digitación conceptual entre lo natural y lo artificial. El espacio está lleno de referencias sobre lo que hay debajo y a su alrededor. Espacio-signo, espacio-crónica.
El antiguo vertedero ofrece la posibilidad de disponer de un espacio libre pero también proporciona carácter al proyecto, aprovechándose de sus características especiales, como la imposibilidad de plantar arboles o la chimenea preexistente.

Formally speaking, the park is beside water, but appears, in fact, as a space of suture. We might even speak of a conceptual indentation or digitation between the natural and the artificial. The space is full of references about what lies underneath and all around. Space/sign, space/chronicle.
The former rubbish dump offers the possibility of laying out an open space, but also lends character to the project, by utilizing its special characteristics, such as the impossibility of planting trees or the pre-existing chimney.

Byxbee Park, Palo Alto, California, USA

Autovía A.85, Angers-Tours-Vierzon km 221, Francia

Tratamientos paisajísticos

El tratamiento paisajístico se aborda desde dos puntos de vista, el del automovilista y el de los habitantes. Esta aproximación sugiere que nos encontramos ante dos tratamientos *a priori* diferentes: uno que hace referencia a la percepción en movimiento y el otro a una percepción estática.

El problema del tratamiento paisajístico se ha abordado a partir de la seguridad del viajero y del descubrimiento de la zona por donde pasa.

Sobre la traza de Angers-Tours, se ha considerado esencial limitar el impacto y potenciar la presencia de las características locales a partir de un movimiento de tierras formado por taludes y terraplenes. La vegetación local se ha acercado hasta los bordes de la vía de un modo no sistemático.

La esencia del paisaje se basa en dos familias estructurales: una compuesta por superficies vegetales dominantemente horizontales y otra de planos verticales arbóreos.

Esta estructuración se relaciona y contrasta, a la vez, con los bosques existentes en el lugar. Estas actuaciones puntuales y sucesivas permiten una serie de vistas locales muy importantes en la organización perpendicular a la vía. La presencia de masas vegetales transversales permiten visiones lejanas, a la vez que el paseante no se siente separado por una masa vegetal continua. La presencia de construcciones patrimoniales, así como de perspectivas hacia edificaciones lejanas, quedan enmarcadas por la vegetación. A la vez que enmarcan, protegen acústicamente.

FICHA TÉCNICA:
Autor: Bernard Lassus
Colaboradores: Atélier Bernard Lassus
Cliente: Cofiroute, Scao, Socaso
Longitud: 215 kilómetros
Emplazamiento: Autovía A.85, Valle del Loira y Tours, Vierzon, Francia
Proyecto: desde 1993
Construcción: desde 1994

A85 Autoroute, Angers-Tours-Vierzon km 221, France

Landscaping procedures

Landscaping procedure is approached from two points of view, the motorist's and the local resident's. This approximation suggests that we find ourselves before two procedures that are a priori different: one referring to mobile perception and the other growing out of static perception.

The problem of landscaping procedure has been addressed in relation to the safety of the traveler and the discovery of the area through which he passes. On the Angers-Tours route, it has been deemed essential to limit the impact and maximize the presence of the characteristic spaces via an earth-moving operation consisting of slopes and embankments. The local vegetation has been brought up to the edges of the road in a non-systematic way.

The essence of the landscape is founded on two structural families: one consisting of mainly horizontal vegetal surfaces and the other of arboreal vertical planes.

This structuring is related to and contrasts with the existing woodland in the area. These precise and successive interventions permit a series of local vistas that are very important in the organization perpendicular to the road. The presence of transverse vegetal masses allows for distant views, and at the same time the passer-by does not feel cut off by a continuous vegetal mass. The presence of historical edifices, as well as prospects of far-off buildings, come framed by vegetation. The latter provides a frame, plus protection in acoustic terms.

TECHNICAL DATA:
Author: Bernard Lassus
Collaborators: Atélier Bernard Lassus
Client: Cofiroute, Scao, Socaso
Length: 215 kilometers
Location: A85 Autoroute, Loire Valley, Tours and Vierzon, France
Project: since 1993
Construction: since 1994

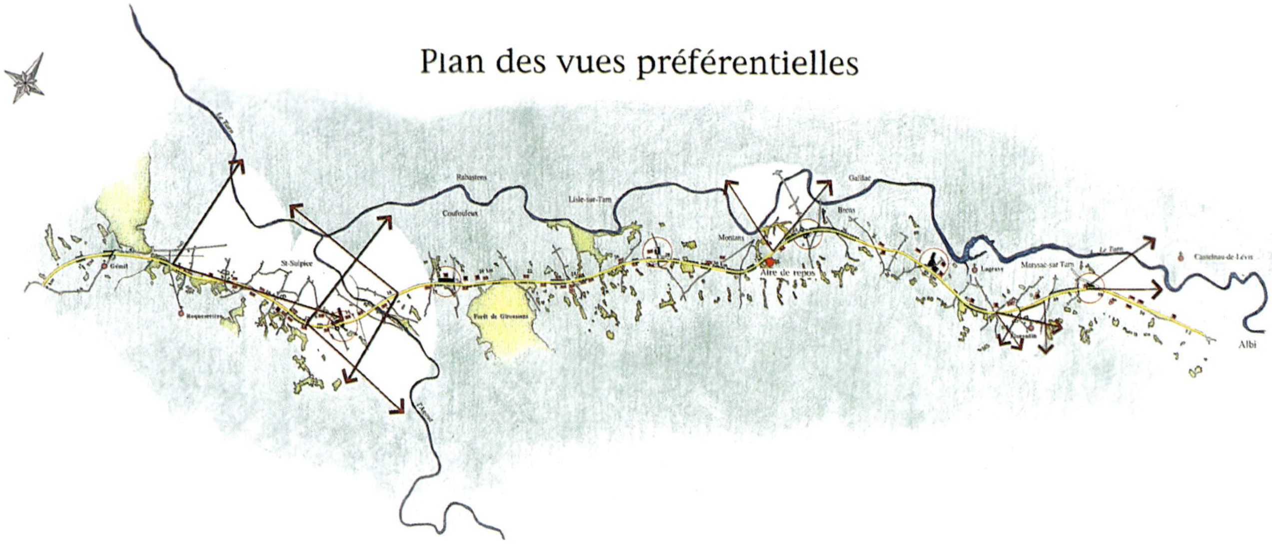

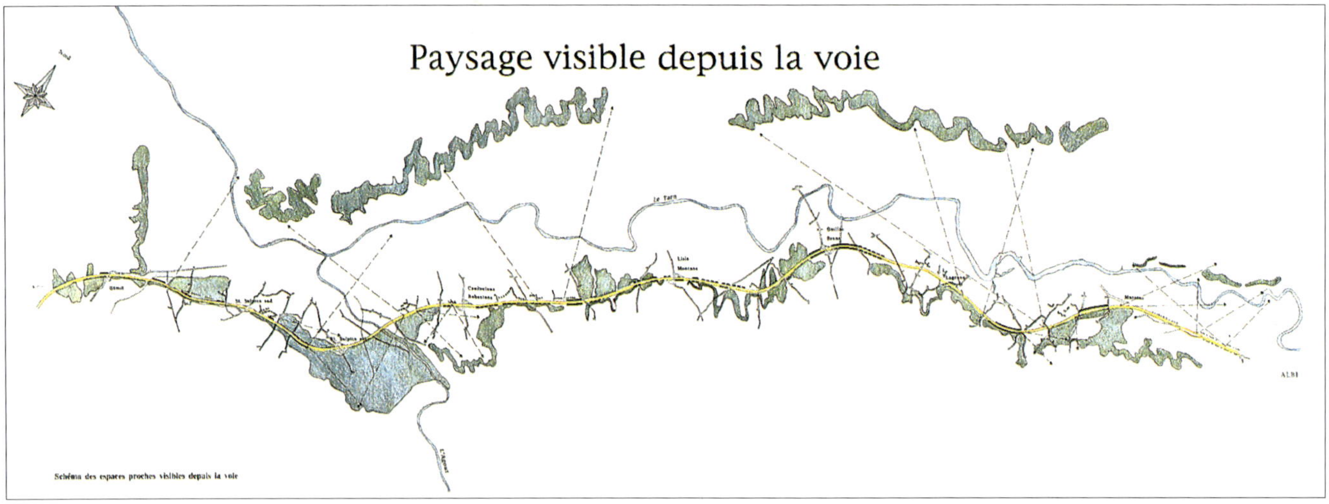

Autovía A.85, Angers-Tours-Vierzon km 221, Francia

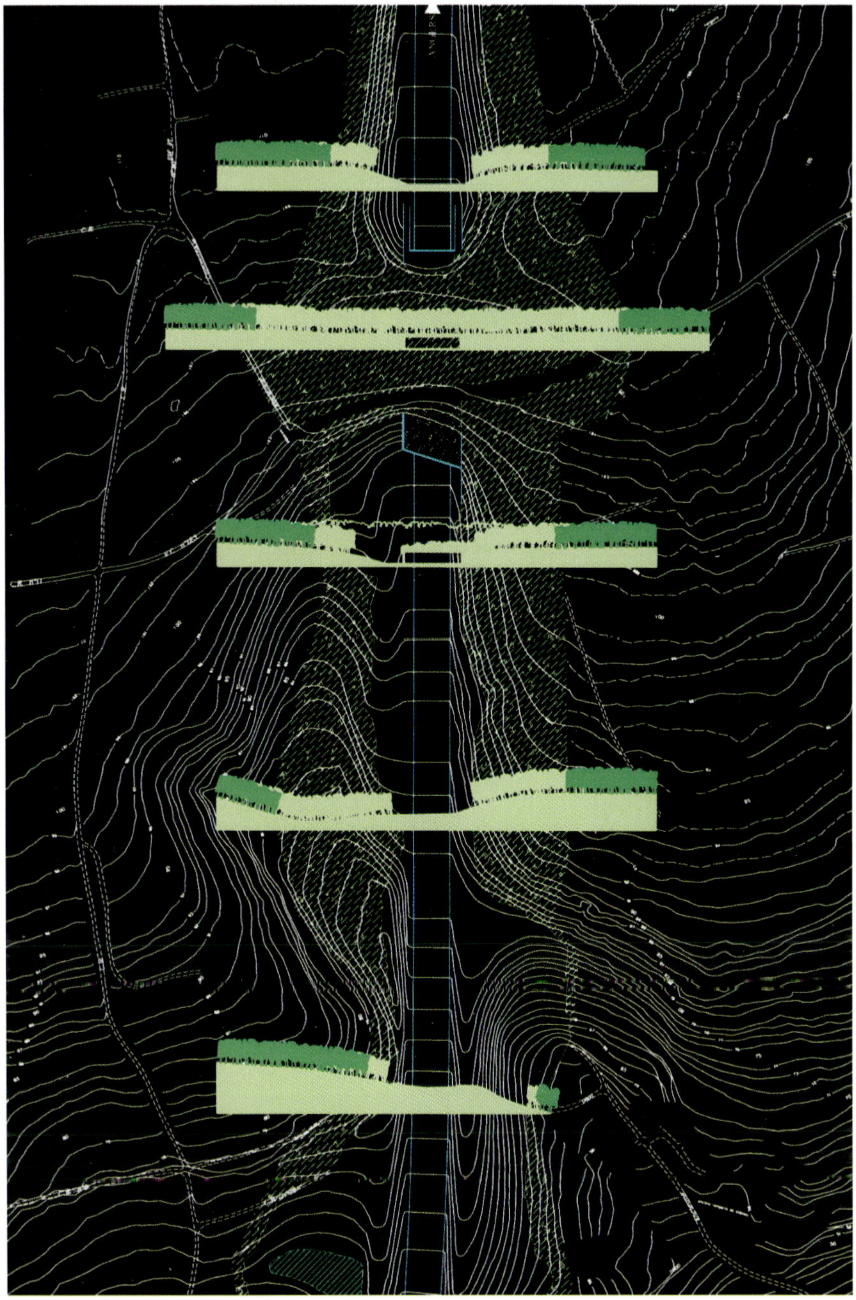

Lassus quiere que sus proyectos cuenten historias. Es interesante mirar a las autopistas con estos ojos. ¿Se trata de leer algo mientras se circula o cuando uno se detiene? Seguramente ambas cosas. En cualquier caso, Lassus hace que la autopista nos incite a aproximarnos visual, mental y físicamente al entorno, consiguiendo romper el carácter autorreferenciado del espacio en las autopistas y devolviéndole el protagonismo que tenía cuando se circulaba a pie, en bicicleta o en carreta por un camino, aunque en este caso el espacio se trabaje a otra escala.

Lassus wants his projects to tell a story. It's interesting looking at the motorway through these eyes. Does this mean reading something while one drives by or when one stops? Both things, for sure. In any event, Lassus assumes that the motorway incites us to approach the surroundings visually, mentally and physically, by succeeding in destroying the self-referential nature of space on the motorways and restoring to it the leading role it had when one used to move around on foot, by bicycle or cart along a road, although in this instance the space is manipulated at another scale.

A85 Autoroute, Angers-Tours-Vierzon km 221, France

Jürg Conzett

Muros de contención de la carretera A-27 de Silvaplana a Vinadi, Valle de Engadina, Grisones, Suiza

Memoria–inventario

A lo largo de la carretera de Engadina encontramos muros de contención entre Silvaplana y Celerina, y entre Chapella y Vinadi. De Celerina a S-Chanf no hay nada reseñable. Se puede hablar a *grosso modo* de una carretera Engadina-superior y una carretera Engadina-inferior (ampliada después de Chapella). Estos dos grupos principales se pueden dividir de nuevo en los siguientes tramos:

1. Silvaplana/estación de St. Moritz
2. Desfiladero (estación St. Moritz-Celerina/Crasta)
3. Chapella/Prazet
4. Prazet/Zernez
5. Zernez/enlace Vereina-sur
6. Enlace Vereina-sur/enlace Lavin-este
7. Enlace Vereina-este/enlace Scuol-oeste
8. Enlace Scuol-oeste/Martina
9. Martina/Vinadi

Silvaplana-Celerina/Crasta

Al comienzo y final de Lej da Champfèr la carretera está flanqueada siempre por un muro de contención de piedra natural. El muro del sur (imágenes 1-3) está irregularmente relleno de piedras fragmentadas con juntas muy anchas. Aunque la realización artesanal no es de buena calidad, a distancia produce una impresión general bastante afortunada. Los cantos superiores de los muros son paralelos al eje de la carretera, las hendiduras entre las alturas poseen, sin embargo, inclinaciones variables. La coronación del muro, que asciende más débilmente al principio y al final del mismo, constituye un fuerte contraste con la pronunciada hendidura a mitad del tramo, que permite el paso de un torrente. A pesar de esta disposición, en algunos lugares falta unidad, el contorno posee en conjunto una simetría deformada muy atractiva (imagen 1). El muro norte de Lej da Champfèr está formado por sillares horizontales revocados. También aquí este tipo de muro resulta aceptable desde la distancia. El contorno (imagen 4) tiene un efecto debilitante (en horizontal hubiera sido mejor). El mismo tipo de muro se encuentra en St. Moritz, cerca del lago. El muro mayor se encuentra más abajo de Spuonda (imágenes 5 y 6). Piedras rugosas, una estratificación descuidada y juntas muy anchas transmiten, también aquí, un efecto global aceptable.

Los muros de contención y las galerías constituidas por rocas de desprendimiento del desfiladero están construidos en hormigón. El trazado prestó especial atención a las particularidades del paisaje del desfiladero y, del mismo modo, los túneles y viaductos se construyeron sin grandes pretensiones (imagen 7).

Jürg Conzett

Retaining walls on the A27 highway from Silvaplana to Vinadi, Engadina Valley, Graubünden, Switzerland

Statement cum inventory

Along the Engadin highway we encounter retaining walls between Silvaplana and Celerina, and between Chapella and Vinadi. From Celerina to S-Chanf there is nothing worthy of note. We can speak, grosso modo, *of an Upper-Engadin and a Lower-Engadin highway (widened after Chapella). These two main groups can be divided again into the following stretches of road:*

1 Silvaplana/St. Moritz Station
2 The St. Moritz Station-Celerina/Crasta mountain pass
3 Chapella/Prazet
4 Prazet/Zernez
5 Zernez/Vereina-South link
6 Vereina-South link/Lavin-East link
7 Vereina-East link/Scuol-West link
8 Scuol-West link/Martina
9 Martina/Vinadi

Silvaplana-Celerina/Crasta

At the beginning and end of Lej da Champfèr the highway is consistently flanked by a retaining wall of natural stone. The south wall (images 1-3) is irregularly filled with rubble and has extremely wide joints. Although the handiwork is not of good quality, from a distance it produces a reasonably happy overall impression. The upper edges of the walls are parallel to the axis of the highway. The fissures between the upper levels, however, have varying inclinations. The wall coping, which rises more weakly at its beginning and end, forms a strong contrast with the pronounced fissure halfway along the stretch, which allows for the passage of a mountain stream. Despite this arrangement, in some places it lacks unity, although all in all the outline possesses a highly attractive deformed symmetry (image 1). The north wall of Lej da Champfèr is formed of pargetted horizontal ashlar. Here, this kind of wall is also acceptable from a distance. The outline (image 4) has a debilitating effect (it would have been better in horizontal). The same type of wall is found in St. Moritz, near the lake. The main wall is found lower down from Spuonda (images 5/6). Rough stones, clumsy stratification and extremely wide joints also communicate, here, an acceptable general effect.

The retaining walls and galleries constituted by rocks falling down from the pass are constructed in concrete. The layout lent special attention to the particularities of the landscape of the pass and, in the same way, the tunnels and viaducts were built without inordinate pretension (image 7).

1

2

3

4

5

6

7

La mirada de Conzett "revela" un espacio para el proyecto, un espacio de contacto que, habitualmente, o no se trata o se plantea desde una actitud reduccionista que conduce a soluciones estándar. Conzett aborda el tema desde la comprensión y la propuesta de lo particular no anecdótico, producto de una profunda comprensión de la "situación". Sus referencias son, probablemente, historicistas y paisajísticas y, tal vez, sea aquí donde el paisaje se muestra más claramente como síntesis entre naturaleza y cultura.

Conzett's vision "reveals" a space for the project, a space of contact usualy addressed according to a reductionist attitude that leads to standard solutions. The theme is handled in terms of the understanding and the proposing of a non-anecdotal specificity, product of a deep grasp of the "situation". His references are probably historicist and landscapist, and it's here, maybe, that the landscape reveals itself most clearly to be a synthesis between nature and culture.

Chapella-Vinadi
Más abajo de S-Chanf, a la altura de Flab-Lagers, comienza de nuevo una larga sucesión de muros de contención. Tras un muro tipo MX2/MX3, largo y bajo, situado del lado de la montaña, se encuentran diversos tipos. A la derecha de la carretera, algunos muros MX3 de buena calidad (imagen 8). En Cinuos-Chel hay muros de tipo MX3. El muro por encima de la carretera de Zubninger (en fuerte pendiente) tiene juntas horizontales paralelas a la calzada; lo que en otros lugares ejerce un efecto adecuado, produce aquí una desagradable impresión de deslizamiento al lado del muro inferior y los edificios que se encuentran encima. (imagen 9). El muro adyacente (imagen 10) produce en el automovilista un efecto sosegado y homogéneo.
En el tramo contiguo hacia Brail-Prazet se encuentran diferentes formas de mampostería de piedra. El muro que se apoya en la ladera de la montaña levantado de manera irregular, que aparece en la imagen 11, es una excepción (del lado del valle se reconoce un muro MX3 de factura impecable). Sin embargo, con frecuencia también aparecen muros antiguos construidos con la técnica MX2 con piedras rugosas (imágenes 12 y 14).
Entre Prazet y Zernez se encuentran, casi sin excepción, muros MX3 de una factura muy limpia: contornos y proporciones concuerdan, las juntas horizontales que pasan a lo largo de las juntas de dilatación no son visibles (imágenes 13 y 15). Más arriba de Punt Nova se integra la piedra con una ejecución más moderna. El efecto unitario de los muros de este tramo es perceptible (imagen 14 en primer plano).
Después de Zernez se pierde de nuevo esta unidad. Con excepción de las obras de la galería de hormigón de Sassella, predominan los muros de piedra natural, aunque de muy variado tipo. Al lado de muros de los tipos MX2 y MX3 (similares a los que están más arriba de Brail), llaman la atención también los muros en seco construidos cuidadosamente en este tramo.
Después de Susch impregnan el paisaje las nuevas construcciones para las instalaciones de carga de Vereina-este. Están construidas generalmente de hormigón. A pesar de la buena calidad de sus superficies, constituyen los muros de apoyo, la salida de servicio, el voladizo y el acceso al túnel con muros laterales volados, un conglomerado de elementos diversos que no posibilita un efecto formal muy conseguido (imagen 16). También las obras de la circunvalación contigua de Lavin están construidas principalmente en hormigón (imagen 17).

Chapella-Vinadi
Further down from S-Chanf, on a level with Flab-Lagers, a long series of retaining walls resumes. After an MX2/MX3-type wall, long and low, situated on the mountain-side, various kinds are found. To the right of the highway, a number of good-quality MX3 walls (image 8). In Cinuos-Chel there are MX3-type walls. The wall above the Zubninger highway (steeply sloping) has horizontal joints parallel to the roadway; what in other places creates an appropriate effect, here produces a disagreeable feeling of slippage on the side of the lower wall and the buildings above (image 9). The adjacent wall (image 10) produces a gentle and homogeneous effect in the motorist.
In the adjoining stretch in the Brail-Prazet direction, different forms of stone rubblework are found. The irregularly built wall seated on the mountainside and seen in image 11 is an exception (an MX3 wall of impeccable workmanship is visible on the valley-side). However, there frequently appear old walls built with rough stone using the MX2 technique (images 12 & 14).
Between Prazet and Zernez there are, almost without exception, finaly crafted MX3 walls of an excellent workmanship: their contours and proportions coincide, the horizontal joints crossing through the expansion joints are not visible (images 13 & 15). Above Punt Nova the stone is integrated by means of a more modern execution. The unified effect of the walls along this section is readily seen (image 14, foreground).
After Zernez this unity is once again lost. Apart from the Sassella gallery constructions in concrete, natural stone walls predominate, albeit of very different kinds. Alongside walls of the MX2 and MX3 types (similar to those above Brail), the carefully built dry-stone walls of this section catch the eye.
After Susch the new constructions for the Vereina-East loading installations dot the landscape. They are generally built of concrete. Their high-quality surfaces aside, they make up the support walls, service exit, cantilever and entrance to the tunnel with jutting side walls, a conglomerate of different elements that doesn't give a very successful formal effect (image 16). Also, the bypass works next to Lavin are mainly built of concrete (image 17).

8

9

10

11

12

13

14

15

16

17

Retaining walls on the A27 highway from Silvaplana to Vinadi, Engadina Valley, Graubünden, Switzerland

En el enlace Lavin-este hay un tramo con muros de piedra natural: en primer lugar transcurre la carretera sobre un pequeño viaducto con mampostería MX3 (imagen 18), del lado de la montaña se encuentra un muro MX2 con piedras de colores mezcladas (imagen 19). Hasta Magnacun encontramos también muros de piedra seca (imágenes 20-22 y 23). En Val Prauost, antes de Ardez, se encuentran de nuevo muros tipo MX3 en buen estado (imágenes 23-26) que concuerdan muy bien con el paisaje de esta zona. Tras algunas construcciones de hormigón a lo largo de la circunvalación de Ardez, sigue una fuerte pendiente a través de Val Tasna. Aquí se encuentran muchos muros MX2 antiguos, en parte con sujeciones de hormigón proyectado de formas un tanto grotescas (imágenes 27 y 29). Entre ellos, como un cuerpo extraño, una única escollera (imagen 28). Más abajo de Travessina se reconocen muros MX3 con los llamados arcos tiroleses y muros MX3 (imagen 30). En los intradós del "Tombini" es reseñable el refuerzo de piedra, porque en este lugar se renunció a realizar un muro. Hasta el enlace Scuol-oeste encontramos continuamente muros de "rasa-pietra" (imagen 31) y antiguos muros de piedra de mampostería, fijados con mortero o en seco.
El tramo de carretera desde Scuol hasta Martina es, desde el punto de vista de la calidad y la forma exterior, el tramo más unitario del Engadina. Aquí, prácticamente aparecen muros MX3. Altos muros en la circunvalación de Scuol (imagen 32), a partir de Sent, casi siempre sin juntas (imagen 33). En Ramosch se ensanchó el puente sobre el Brancia con grandes piedras de sillería (imagen 34) y también como en Pradella existen muros MX3. Hacia arriba aumentan la altura (imagen 35). Otros muros MX3 en Plattamal (imagen 36), nuevas ejecuciones en el enlace hacia Tschlin (imagen 37). También llaman la atención, en Cinuos-Chell, los abundantes muros de contención. Del lado de la carretera que da al valle aparecen formas mixtas de MX2-MX3 y de vez en cuando también pequeños muros de hormigón.

On the Lavin-East link there is a section with natural stone walls: at first the highway passes on top of a small viaduct with MX3 rubblework (image 18), while on the mountain-side there is an MX2 wall with stones of mixed color (image 19). Until Magnacun we also find dry-stone walls (images 20-22 & 23). In Val Prauost, before Ardez, there are new MX3-type walls in a good condition (images 23-26) that agree very well with the landscape of this area. After various concrete constructions alongside the Ardez bypass, there follows a steep slope through Val Tasna. Here, many old MX2 walls are found, in part with concrete ties whose shapes are slightly grotesque (images 27 & 29). Between these, like an excrescence, a single jetty (image 28). Below Travessina MX3 walls with so-called Tyrolean arches, plus plain MX3 walls, are to be seen (image 30). The stone reinforcing in the soffits of the "Tombini" is worthy of note, because in this location it was decided not to create a wall. Up to the Scuol-West link we continually encounter walls of rasa-pietra *(image 31) and old stone masonry walls anchored with mortar or dry-assembled.*
The stretch of road from Scuol to Martina is, from the point of view of quality and external form, the most unified section of the Engadin. Here, almost all the walls are MX3. High walls on the Scuol bypass (image 32), after Sent, almost always without joints (image 33). In Ramosch, the bridge over the Brancia is extended with massive ashlar masonry (image 34) and, as in Pradella, there are also MX3 walls. Toward the top they increase in height (image 35). Other MX3 walls in Plattamal (image 36), new implementations in the link to Tschlin (image 37). The abundant retaining walls in Cinuos-Chell also command the attention. On the side of the road overlooking the valley there appear combinations of the MX2 and MX3 type, and from time to time small concrete walls as well.

18

19

20

21

22

23

24

25

26

27

28

29

Retaining walls on the A27 highway from Silvaplana to Vinadi, Engadina Valley, Graubünden, Switzerland

El paisaje entre Martina, Vinadi y el puente Kajetan está lleno de gargantas y pasos estrechos, además de ser una zona poco habitada. Por ello resultan de gran efecto los viaductos y puentes en las carreteras a ambos lados del Inn. Los puentes y galerías originales de la carretera del paso de Reichen, que se construyeron a lo largo del siglo XIX, han sido detalladamente descritos por Alwin Seifert. Las galerías resultantes de piedras de desprendimiento (grava) al otro lado de Vinadi, se consideran entre los mejores ejemplos de mampostería de la zona de los Alpes. Debido a la difícil orografía tuvieron que rehacerse y reparase constantemente las carreteras originales. Así pues, al lado de antiguas obras (imagen 38), encontramos también actuaciones reseñables realizadas en hormigón (imagen 39). La mayor parte de los antiguos muros de apoyo de la carretera cantonal fueron sustituidos por muros de hormigón.

Valoración

La mayor parte de los muros de la carretera de Engadina (así como también los tramos de continuación sobre el paso de Maloja en el Bergell) son muros de piedra. Sólo algunos tramos, comparativamente más cortos, muestran muros de hormigón (garganta del Inn St. Moritz, túnel de Vereina-Lavin, circunvalación de Ardez, Martina-Vinadi).

En los tramos en piedra podemos diferenciar, de modo general, entre antiguos muros de tipo MX2 y muros nuevos MX3. Aisladamente se pueden encontrar también muros en seco de buena ejecución, dignos de ser conservados. Algunos tramos aislados de carretera con muros tipo MX3 son de excelente calidad, como, por ejemplo, la zona por encima de Zernez o el tramo desde Scuol sobre Ramosch hacia Seraplana. En los muros más antiguos son especialmente distintos los tipos de trabajo y el formato de las piedras ya que, gracias a la continua y amplia utilización de la piedra en la carretera del Engadina, se conserva su estilo peculiar.

Una de las señas más características son las formas de los muros que se apoyan en el lado de la montaña. Los muros se convierten, de este modo, en una especie de banda rocosa que se integra como parte del terreno.

Esbozo acerca de los muros

Ya que la piedra es la señal característica de la carretera de Engadina, debe ser conservada a lo largo de todo el tramo. Se deben seguir utilizando los tipos de técnicas existentes en la construcción de muros tipo MX3 (como en las imágenes 13 y 33). Por ello, se debe prestar atención al modo de empleo "clásico". Las juntas horizontales deben transcurrir en una longitud lo más larga posible, y la altura, de curso más o menos constante, se preferirá en sucesión ascendente. Son importantes los contornos armoniosos, tal como están formulados en el directorio, con una ejecución paralela (imagen 33). Las coronaciones de los muros deben agrandarse, ya que no hay nada en contra de ello.

FICHA TÉCNICA:
Autor: Jürg Conzett
Emplazamiento: valle de Engadina, Grisones, Suiza
Inventario: 1995-1998

The landscape between Martina, Vinadi and the Kajetan Bridge is full of ravines and narrow passes, as well as being a barely inhabited area. Due to this, the viaducts and bridges on the roads either side of the Inn have a great effect. Built during the 19th century, the original bridges and galleries of the Reichen Pass road have been described in detail by Alwin Seifert. The galleries resulting from loosened stones (riprap) on the other side of Vinadi are considered among the finest examples of rubblework in the Alps area. Due to the difficult orography, the original roads had to be constantly rebuilt and repaired. Thus, alongside old works (image 38) we also find noteworthy interventions made of concrete (image 39). The greater part of the old support walls of the cantonal road were substituted by walls of concrete.

Appraisal

Most of the walls along the Engadin highway (as well as the subsequent stretches over the Maloja Pass in the Bergell) are of stone. Only a few, comparatively short, sections feature concrete walls (the Inn St. Moritz Gorge, the tunnel from Vereina to Lavin, the Ardez bypass, Martina-Vinadi).

In the stone sections we can, generally speaking, differentiate between old walls of the MX2 type and new MX3 walls. Every now and then, well-made dry-stone walls can also be encountered which are worth preserving. Some isolated stretches of road with MX3-type walls are of excellent quality, as for example the zone above Zernez or the section above Ramosch from Scuol in the direction of Seraplana. In the oldest walls, the sorts of work and the format of the stones are especially distinct since, thanks to the ongoing wide use of stone in the Engadin highway, their peculiar style is preserved.

One of the more particular distinguishing marks is the shape of the walls resting on the mountain-side. The walls thus become a kind of rocky band that is integrated as part of the terrain.

An outline as to the walls

Given that stone is the typical signifier of the Engadin highway, it must be conserved throughout the entire stretch. The sorts of technique existing in the construction of MX3-type walls (as in images 13/33) should go on being used. For that reason, attention must be paid to the "classic" building manual. The horizontal joints should have the greatest possible length, and height, kept more or less constant, is to be preferred in a rising sequence. Harmonious lines are important, exactly as formulated in the directives, and executed in parallel (image 33). The copings of the walls ought to become bigger, since there is nothing opposing this.

TECHNICAL DATA
Author: Jürg Conzett
Location: Engadin Valley, Graubünden, Switzerland
Inventory: 1995-1998

30

31

32

33

34

35

36

37

38

39

Retaining walls on the A27 highway from Silvaplana to Vinadi, Engadina Valley, Graubünden, Switzerland

Maarten Struijs

Cortavientos cerca de Calandcanal, Europoort, Rotterdam, Holanda
Cortavientos sobre el puente Hartel, Botlek, Rotterdam, Holanda
Parque eólico Afsluitdijk, Holanda

Maarten Struijs

Wind-barrier near the Caland Canal, Europoort, Rotterdam, Holland
Wind-barrier on the Hartel Bridge, Botlek, Rotterdam, Holland
Wind Park, Afsluitdijk, Holland

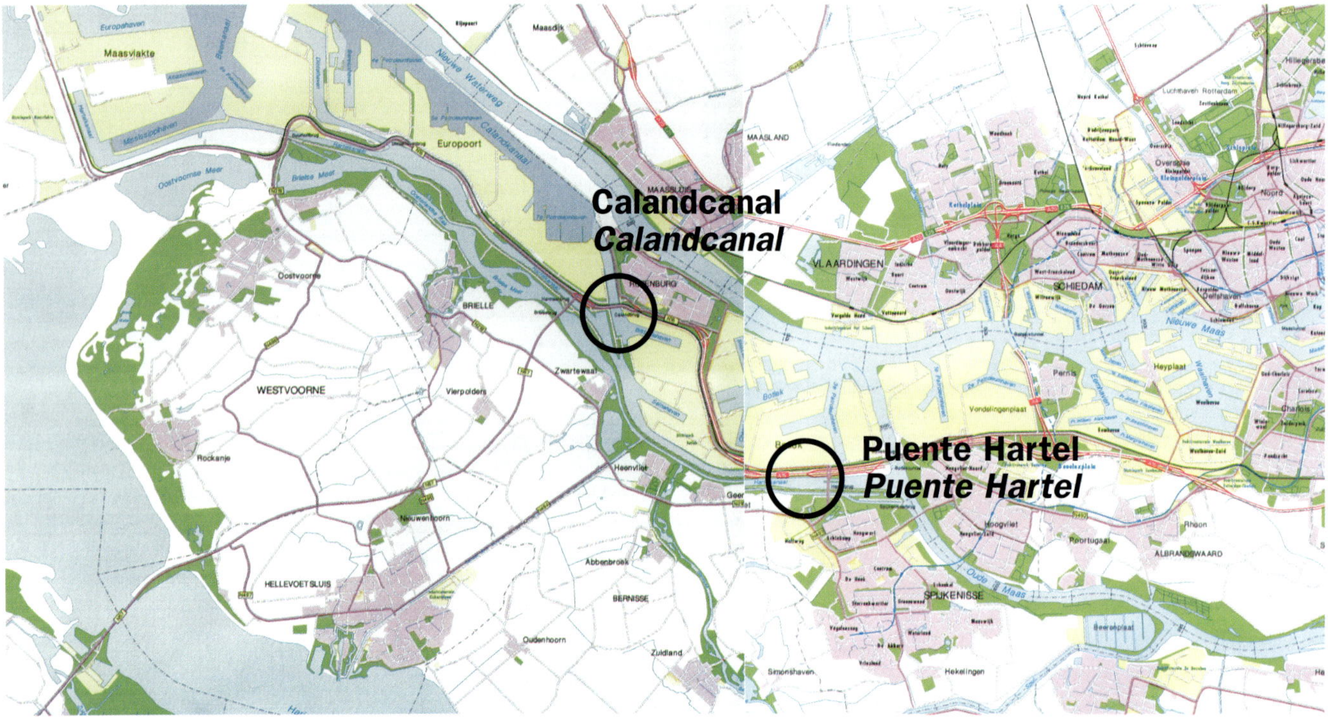

Los tres proyectos se sitúan en un espacio de interfaz tierra/agua con el viento como protagonista; viento que se opone al esfuerzo colonizador de las tierras que apenas emergen del dominio horizontal del agua. El impacto del viento configura al menos dos factores esenciales: la orientación y la altura de las arquitecturas que se le oponen. Éstas, a su vez, se desarrollan sobre un sustrato prácticamente horizontal que determina un ultimo factor: la visibilidad en el paisaje. Quizás aquí, más que en ningún otro caso, pueda decirse que lo construido sustituye a la topografía; no sólo por tratarse de obras de dimensiones topográficas, sino también por la función que ejercen de controlar, dirigir e incluso "atrapar", como en el parque eólico, un fluido a través de un paisaje que ellas mismas configuran.

These three projects are situated in a land/water interface, with the wind as main protagonist; a wind that opposes itself to the colonizing force of a land that barely emerges from the horizontal dominion of the water. The wind's impact creates at least two essential factors: the orientation and height of the architectures opposing it. These are in turn developed on an almost horizontal substratum that determines one final factor: visibility in the landscape. Maybe here, more than in any other instance, it could be said that the built deputizes for the topography; not only due to it being a question of works of topographic size, but also due to the function they have of controlling, directing and even "trapping", as in the wind park, a fluid via a landscape they themselves fashion.

Cortavientos sobre el puente Hartel, Botlek, Rotterdam

La existencia de Holanda tiene como base lo que yo denomino infraestructura "génesis", la separación del agua y la tierra; el tercer día, según la crónica bíblica.

Buena parte de esta infraestructura, como por ejemplo los diques, es hoy vista por la gente como parte de su entorno natural. Los holandeses aún continúan trabajando en la gestión de su agua. Por este motivo, construimos un cortavientos en el puente Hartel. Una condición para la construcción del cortavientos eran que las circunstancias medioambientales en la zona del puente debían continuar siendo las mismas que las existentes antes de la construcción del cortavientos. El cortavientos está situado a 10 metros de distancia en la parte oeste del puente. Las grandes compuertas cuelgan de modo que su parte inferior está a la misma altura que la parte inferior de la cubierta del puente. En esta zona, la dirección habitual del viento es del oeste, por lo que el viento sopla sobre la superficie del agua hacia el dique y, como resultado, produce una turbulencia al otro lado del mismo, es decir, sobre el puente. Esto provocó la decisión de construir un cortavientos a lo largo del puente, situado del lado del dique.

El cortavientos tenía que tener un porcentaje de apertura de un 30 %. Tenía también que estar unido al puente, así que se decidió construir un gran tubo horizontal del lado del puente y colocar 2.000 tubos pequeños más atravesándolo. Con la tecnología informática es posible perforar exactamente el tubo grande, por lo que se decidió dar a la serie una ligera ondulación, que se percibe gracias a la reflexión de la luz. Debido a que la dirección del cortavientos es norte-sur, y que la dirección de la luz solar cambia radicalmente: la apariencia del cortavientos es diferente por la mañana o por la tarde.

FICHA TÉCNICA:
Autor: Maarten Struijs
Cliente: Ryleswatastaat Rotterdam
Emplazamiento: puente Hartel, Europoort, Rotterdam, Holanda
Proyecto: 1997
Construcción: 1999

Wind-barrier on the Hartel Bridge, Botlek, Rotterdam

The very existence of the Netherlands is based on what I call the "Genesis" infrastructure, in reference to the Bible; namely, the separation of land and water on the third day. Much of this infrastructure –the dike system, for example– is seen by Dutch people as part of their natural environment. Even today water management still preoccupies us, which is why we built the Hartel Bridge water-barrier. One of the conditions for the building of the water-barrier was that the bridge's immediate environment had to remain unchanged.

The water-barrier is situated 10 meters to the west of the Hartel Bridge. The huge water doors hang with their lower edge at the same height as the underside of the deck of the bridge. In this area the main direction of the wind is westerly. This means that the wind blows across the surface of the water towards the water-barrier, resulting in wind turbulence on the other side of it; that is, on the bridge itself. For this reason it was decided to build a wind-barrier alongside the bridge on the water-barrier side.

The wind-barrier had to have 30% opening capacity, and had to be connected to the bridge. I decided to create a huge horizontal pipe along the side of the bridge and to place a series of more than 2,000 thin pipes within this. Using the computer it was possible to make exact holes in the large pipe, so I decided to give the series a slight waveform, which one becomes aware of due to the reflection of the light. Given that the direction of the wind-barrier is north-south, and that the direction of the sunlight is constantly changing, the appearance of the wind-barrier varies greatly from morning to evening.

TECNICAL DATA:
Author: Maarten Struijs
Client: Ryleswatastaat Rotterdam
Location: Hartel Bridge, Europoort, Rotterdam, Holland
Project: 1997
Construction: 1999

Cortavientos sobre el puente Hartel, Botlek, Rotterdam, Holanda

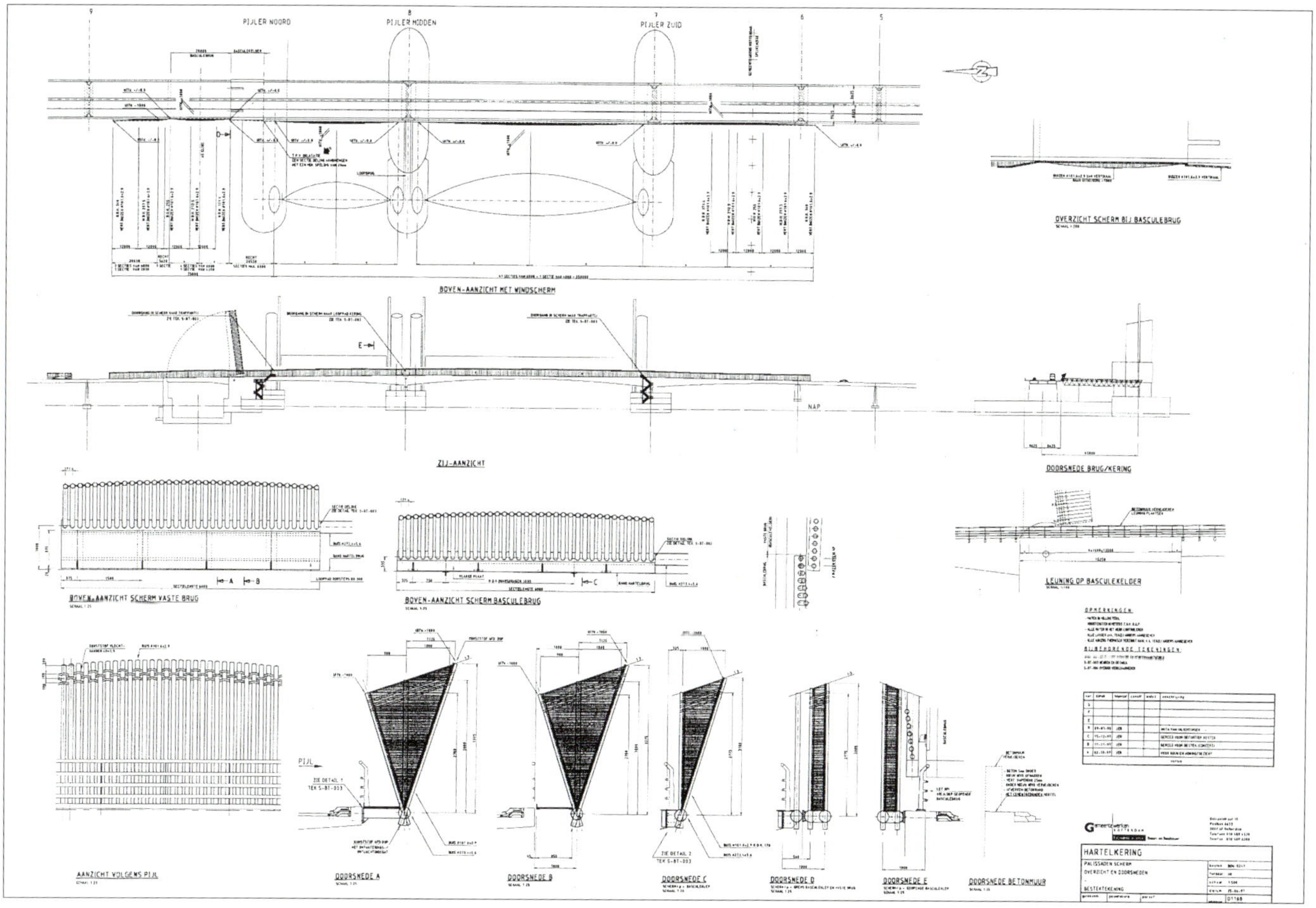

Wind-barrier on the Hartel Bridge, Botlek, Rotterdam, Holland

Cortavientos cerca de Calandcanal, Europoort, Rotterdam

El proyecto para un cortavientos cerca de Calandcanal en la zona portuaria de Europoort data de 1983 y fue construido entre 1984 y 1985. El cambio de uso del Britanniahaven, de zona de carga de materias petroquímicas a área de transbordo de contenedores y automóviles, supuso un cambio en el tamaño de los buques que debían cruzar el puente del canal.

Los buques portacontenedores, grandes y altos, no podían pasar el puente si había fuertes vientos (lo cual ocurría un 25 % del tiempo). Debía construirse alguna protección frente al viento.

El modo más barato de hacerlo era mediante un cortavientos que tuviese 1,7 kilómetros de longitud y 25 metros de altura. Un cortavientos tiene que estar abierto en un 25 %, así que decidí proyectar un cortavientos que consta de cuatro elementos consecutivos diferentes:

- La parte norte del cortavientos está formada por un dique de 15 metros de altura y que contiene cenizas tóxicas con bloques de hormigón de 10 x 10 metros encima de ellas.
- La parte sur del cortavientos está formada por muros semicilíndricos de 25 metros de altura, con un diámetro de 18 metros y 12 metros de separación entre una y otra.
- La parte intermedia del cortavientos se encuentra ante unas condiciones a ras del suelo tan variadas que fue imposible construir una serie regular. Para que, a pesar de ello, fuera posible hacerlo, proyecté una viga de 5 metros sobre el nivel del suelo, de modo que pudiera construir una serie regular sobre ella, solucionando así la irregularidad de la parte inferior.
- Para los ciclistas que cruzan sobre el puente tuvimos que construir un túnel paravientos con una apertura del 50 %. Tras las tres grandes series, interpreté este túnel como una serie más, y lo proyecté como una serie regular de arcos.

Wind-barrier near the Caland Canal, Europoort, Rotterdam

In 1983 I designed a wind-barrier near the Caland Canal in the Europoort harbor area. This wind-barrier was constructed in 1984-1985. The altering of the "Britanniahaven" from a petrochemical destination to one for containers and cars involved a change in the size of the ships that had to pass under the Caland Bridge.

However, when there was a strong wind and this happened some twenty-five percent of the time the high and wide container ships could not pass beneath the bridge. For that reason a windbreak had to be constructed.

The cheapest way to do this was a wind-barrier some 1.7 kilometers long and 25 meters high. The wind-barrier had to be open during blustery weather, and I decided to design it using four different series:

- *The northern part of the barrier consists of a dike 15 meters high, containing toxic cinders, with 10 x 10-meter concrete squares on it.*
- *The southern part of the barrier consists of semicircular walls 25 meters high, with a diameter of 18 meters and separated by a distance of 12 meters.*
- *The middle part of the barrier was subject to so many different ground conditions that it was impossible to make it regular. Thus, I designed a beam 5 meters above ground level, so I could place a regular series on this beam and solve the irregularity beneath it.*
- *For the cyclists who ride across the bridge we had to make a wind tunnel with a 50% opening capacity. I interpreted this tunnel as a further element in the series and designed it as a regular set of arches.*

FICHA TÉCNICA:
Autor: Maarten Struijs
Cliente: Puerto de Rotterdam
Emplazamiento: Calandcanal, Europoort, Rotterdam, Holanda
Proyecto: 1983
Construcción: 1985

TECHNICAL DATA:
Author: Maarten Struijs
Client: Port of Rotterdam
Location: Caland Canal, Europoort, Rotterdam, Holland
Project: 1983
Construction: 1985

Parque eólico Afsluitdijk

Afsluitdijk es uno de los ejemplos más antiguos y famosos de nuestra ingeniería civil. El dique separa el agua del Waddenzee del agua del Zuiderzee. Esto convierte al Zuiderzee en un mar interior o en un lago, el IJsselmeer.

El dique tiene una longitud de unos 45 kilómetros y conecta dos regiones holandesas, Nord-Holland y Friesland; constituye un buen ejemplo de la 'alta cultura' de la ingeniería civil holandesa. Se trata de un largo artefacto espacial de escala nacional visible desde la Luna.

En Holanda existe una política de energía alternativa según la cual, en lugar de las centrales de energía tradicionales, cada región debe realizar un plan de energía eólica. Las regiones de Nord-Holland y Friesland decidieron investigar la posibilidad de crear un parque eólico a lo largo del Afsluitdijk.

Cada región llamó a un arquitecto paisajista, a un urbanista y a un arquitecto para realizar el plan del parque eólico sobre la base de un estudio del área realizado por ellos mismos. Maarten Struijs y Marja Haring fueron invitados como arquitectos. Nuestra propuesta se denominó "La petición", y se trata de una petición a diferentes niveles. Nuestra primera premisa fue que los arquitectos tenían que estar involucrados en este tipo de proyectos desde el principio porque, en nuestra opinión, el área de investigación estaba mal escogida. La segunda premisa era que estos proyectos debían tratarse como artefactos de "alta cultura", como el Afsluitdijk y las obras del Delta. La tercera fue cambiar el área de estudio, de modo que nuestra propuesta fuera viable.

En lo referente a los cortavientos, organizamos los molinos de viento en dos series, orientadas norte-sur, cruzando el centro de Afsluitdijk. Las series son paralelas, separadas entre sí 600 metros, y cada una consta de 50 molinos a 750 metros de distancia. Los molinos tienen una altura de 100 metros. En esta dirección, el proyecto goza de una buena orientación respecto al viento, principalmente hacia la dirección oeste, así como respecto a la rotación de la luz solar. Desde la costa, los molinos de viento apenas pueden percibirse en el horizonte, cuando se iluminan por el sol. Desde la autopista sobre el Afsluitdijk sólo puede verse hacia la mitad del dique. La aproximación a los molinos de viento se hace cada vez más espectacular hasta el momento en que uno se encuentra en medio de las dos series; pasados los molinos de viento, se tiene una perspectiva de frente sin la presencia de los molinos de viento, tras el clímax, el proyecto desaparece.

FICHA TÉCNICA:
Autores: Maarten Struijs, Marja Haring
Cliente: Gobiernos de las regiones de Noord-Holland y Friesland, Holanda
Emplazamiento: Afsluitdijk, Holanda
Proyecto: 1999

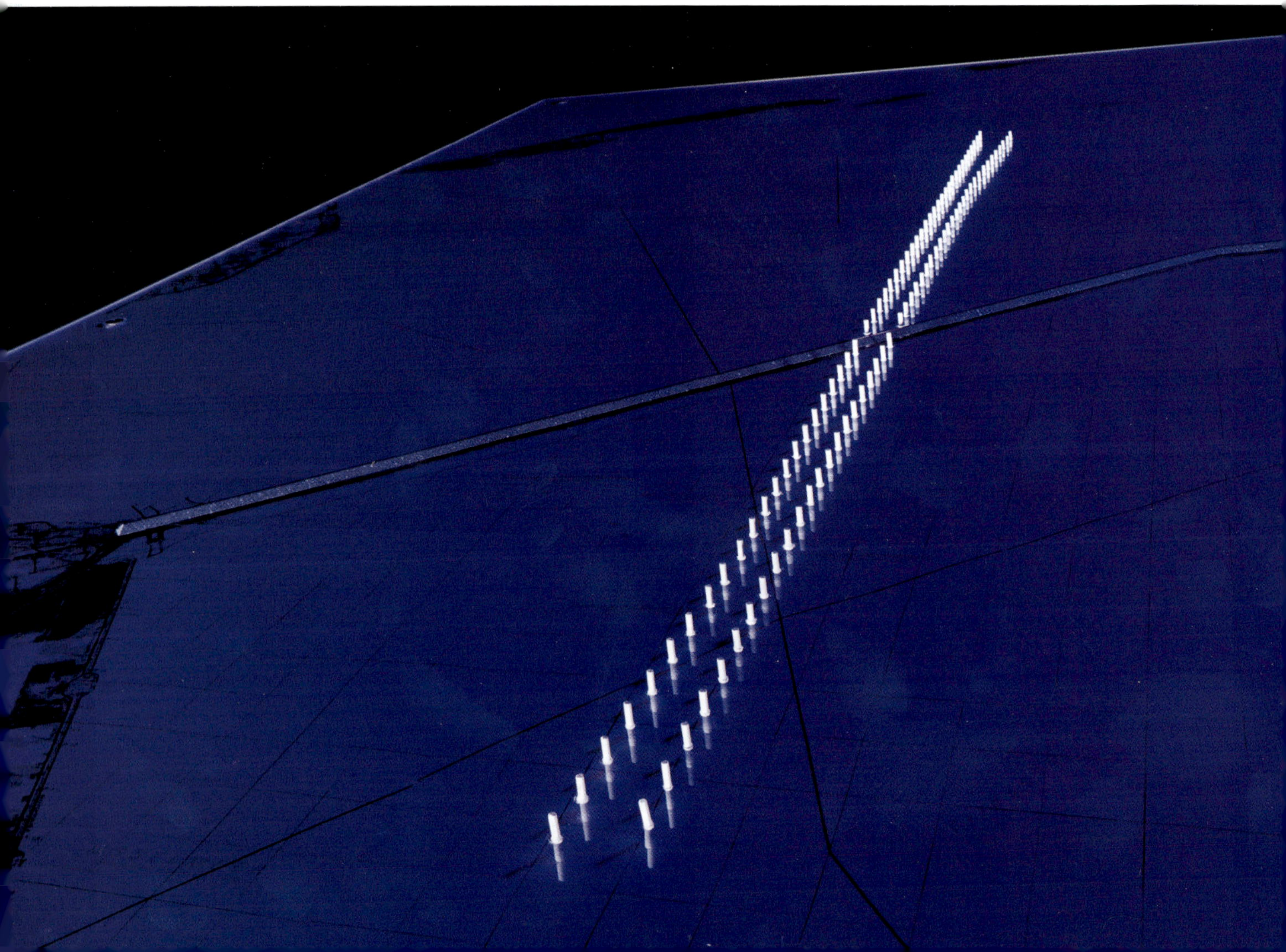

Wind Park, Afsluitdijk

The Afsluitdijk is one of the oldest and most famous examples of Dutch civil engineering. The dike separates the Waddenzee from the Zuiderzee. This turns the Zuiderzee into an inner sea or lake, the IJsselmeer.

The dike is about 45 kilometers long and connects two regions of the Netherlands, Noord-Holland and Friesland, and is a good example of the high standard of civil engineering in Holland. It is a huge spatial artifact that can be recognized from the moon.

Holland has an alternative energy policy. Instead of traditional power plants, each region has had to plan for wind energy. The Noord-Holland and Friesland regions decided to research the possibility of a Wind Park alongside the Afsluitdijk.

The region asked a landscape architect, an urban designer and an architect to make a plan for the Wind Park on the basis of their research within their area. We (Maarten Struijs and Marja Haring) were invited as architects.

Our proposal was called "The Plea", and was a plea on different levels. Our first statement was that architects had to be involved in this kind of project from the beginning, because in our opinion the research area was badly chosen. The second plea was to handle this kind of project as a "high-culture" artifact, like the Afsluitdijk and the Deltaworks. The third was to change the research area, so that our proposal was possible.

Referring to the wind-barriers, we organized the park's windmills in two series, orienting them north-south and crossing the center of the Afsluitdijk. The series are parallel and 600 meters apart, and each consists of fifty windmills with a distance of 750 meters between them. The windmills are 100 meters tall. In this direction the project has a good orientation towards the mainly westerly wind and the movement of the light. The windmills can hardly be seen from the coast, only on the distant horizon and when the sunlight hits them. From the Afsluitdijk freeway one only sees them when halfway cross the dike. Approaching the windmills by car becomes gradually more dramatic, until one finds oneself in the midst of the twin series, after which they disappear.

TECHNICAL DATA:
Authors: Maarten Struijs, Marja Haring
Client: Noord-Holland and Friesland Regional Governments
Location: Afsluitdijk, Holland
Project: 1999

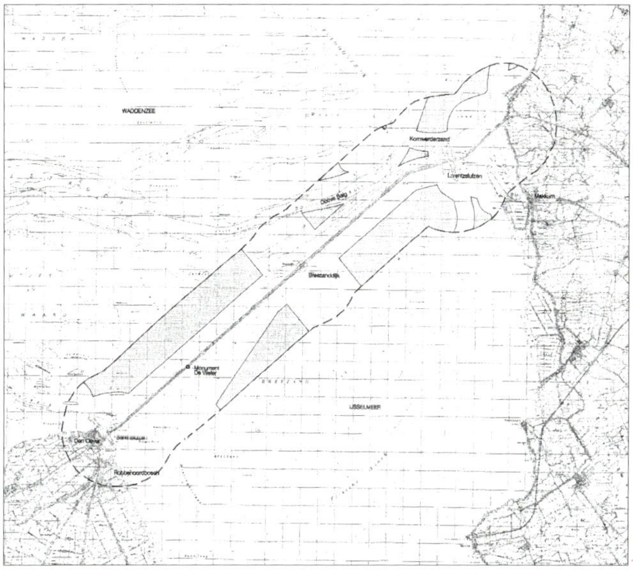

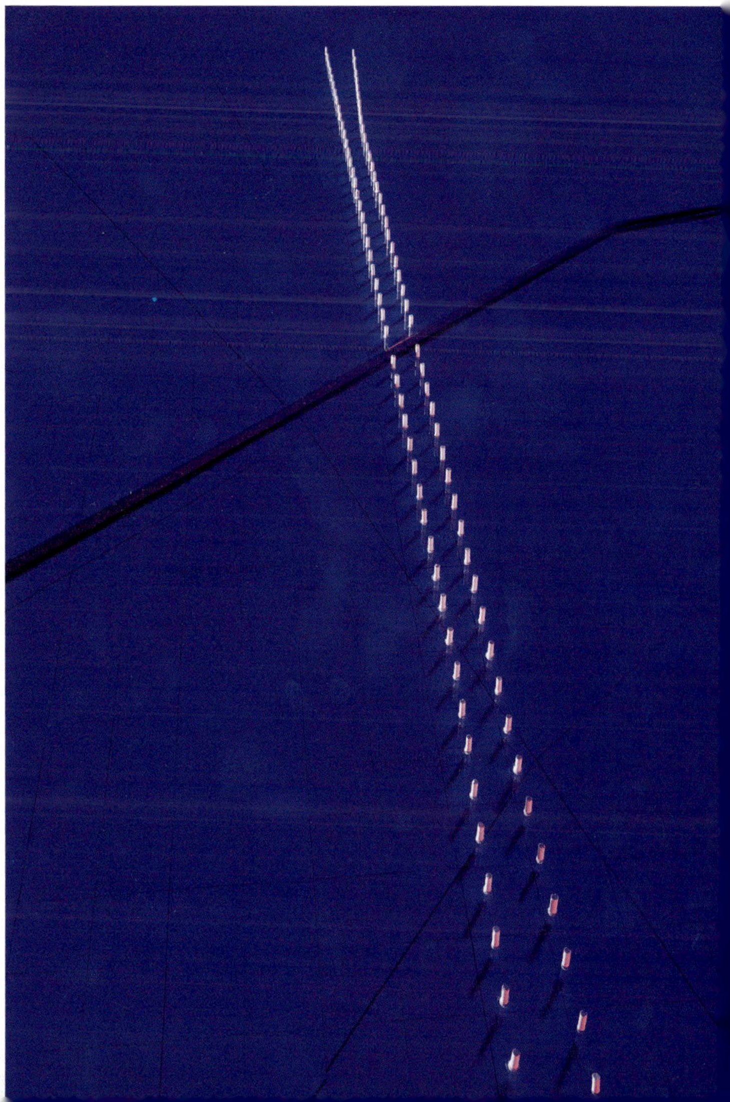

Pantallas acústicas, Francia

Reflexiones
- La piel de una construcción tipo invernadero es hermética, no permite ni el paso del aire ni de la lluvia, y las plantas no pueden atravesarla a pesar de ser transparente.
- La piel de una construcción tipo umbráculo es transpirable, permite el paso del viento y la lluvia, y las plantas pueden atravesarla.
- Una piel como la del umbráculo puede utilizarse para protegerse del sonido y contribuir a consolidar la fachada en la autopista.
- Una piel como la del umbráculo puede utilizarse para suavizar la visibilidad, contener plantas y permitir que se entrelacen. Esta piel podría dar distintas respuestas al espacio urbano contiguo a la autopista.

Propuesta
Un elemento compuesto por dos pieles: una que pertenece a la autopista (invernadero), otra que pertenece a la ciudad (umbráculo). Estas pieles están convenientemente separadas para contener entre ellas el elemento estructural.

Consideraciones
La autopista no debe negar la ciudad ni la ciudad debe negar la autopista. Debe existir una presencia indirecta entre ambas.

La geometría
La pantalla tiene tres posibilidades:
- Dos líneas rectas y paralelas: una superficie plana.
- Dos líneas curvas y paralelas: una superficie cilíndrica.
- Una línea recta y otra curva: un conoide.

Las transparencias
La vista desde la carretera hacia la ciudad es transparente, para conocer en todo momento el tipo de espacio por el cual se está circulando. Si el espacio no se considera interesante y, además, es desagradable, pueden introducirse filtros para suavizar o eliminar las vistas mediante la piel en contacto con la ciudad. Esta segunda piel evita el choque de las aves contra las pantallas.

Las alturas
El elemento estructural superior es siempre el mismo.
Los criterios de crecimiento mediante módulos añadidos en la base unifican sustancialmente la estructura. La transición de elementos altos a otros más bajos, o al revés, se realiza en planos diferentes. Si cambia el elemento a proteger y la topografía, también puede cambiar la relación de la distancia entre la autopista y la pantalla.

Los materiales
El material base de la estructura podría ser hierro galvanizado, acero inoxidable o acero cortén.

Adaptación en planta
Las pantallas deben adaptarse al trazado de las carreteras. Los suaves trazados de las curvas permiten que una línea poligonal se adapte a una curva de autopista. Existe el precedente de la bionda en tramos de cuatro metros, que permite una gran adaptación. Las longitudes rectas previstas, en nuestro caso, no superarán los tres metros.
La presencia de puntos singulares, de un tramo urbano especial o el inicio o final de la pantalla podrían ser objeto de un tratamiento singular.

Adaptación en sección
Todos los elementos verticales deben ser realmente verticales, mientras que los elementos horizontales deben ser paralelos al plano del pavimento. Se ha solucionado con paralelogramos que se adaptan a la pendiente de la carretera con franjas horizontales de 50 cm, cuyas inclinaciones quedan absorbidas por los montantes verticales. Esta solución es válida para pendientes entre el 0 y el 5 %. Los tramos con pendientes superiores se solucionarán con franjas horizontales de 25 cm.

La textura desde la autopista
Se puede complementar el panel transparente con otro también transparente, de menor grosor, y con agujeros para evitar la reflexión del sonido. El grado de transparencia variará si la visión es perpendicular o tangente.

La textura desde la ciudad
El tratamiento de la piel estaría muy relacionado con la ciudad. Unas texturas formadas por barras metálicas o de madera permiten el contacto de plantas y ramas de árboles, así como el crecimiento de plantas trepadoras.

FICHA TÉCNICA:
Autores: Alfons Soldevila, Ofep, SA
Colaboradores: Francesc Dalmau (acústica), Rosa Barba (paisajismo),
Jordi Torrella (estructuras), Joaquín Pascua (presupuesto), David Soldevila, Marisol Carrillo, Eloide Vedapied
Cliente: Ministère de l'Equipement des Transports et du Logement, Direction des Routes, Francia
Emplazamiento: (tramo 1) RN-20, Longjumeau, Saux des Chartreux y Ballainvilliers;
(tramo 2) RN-88, Saint-Étienne; (tramo 3) A-1, Vendevile, Francia
Proyecto: 1998

TECHNICAL DATA:
Authors: Alfons Soldevila, Ofep, SA
Collaborators: Francesc Dalmau (acoustics), Rosa Barba (landscaping),
Jordi Torrella (structures), Joaquín Pascua (budget), David Soldevila, Marisol Carrillo, Eloide Vedapied
Client: Ministère de l'Equipement des Transports et du Logement, Direction des Routes, France
Location: (section 1) RN20, Longjumeau, Saux des Chartreux and Ballainvilliers;
(section 2) RN88, Saint-Étienne; (section 3) A1, Vendevile, France
Project: 1998

Acoustic screens, France

Reflections

- *The skin of a greenhouse-type construction is sealed, it permits neither the passage of air nor rain, and plants cannot pass through it, despite its being transparent.*
- *The skin of an umbracle-type construction is transpirable, it permits the passage of wind and rain, and plants can pass through it.*
- *A skin like that of an umbracle can be used to protect one from sound and to contribute to consolidating the frontage on a motorway.*
- *A skin like that of an umbracle can be used to soften visibility, to contain plants and allow them to entwine. This skin could afford different responses to the urban space adjacent to the motorway.*

Proposal

An element consisting of two skins: one that belongs to the motorway (greenhouse), another that belongs to the city (umbracle). These skins are conveniently separated in order to contain the structural element in between them.

Considerations

The motorway must not negate the city, nor must the city negate the motorway. An indirect presence must exist between both.

Geometry

The screen has three possibilities:

- *Two parallel straight lines: a flat surface.*
- *Two parallel curved lines: a cylindrical surface.*
- *One straight line and the other curved: a conoid.*

Transparencies

The view from the road towards the city is transparent, so as to know at any one moment the type of space one is driving through. If the space isn't thought to be interesting and is, furthermore, disagreeable, filters can be introduced to soften or eliminate the views by means of the skin in contact with the city. This second skin avoids the collision of birds against the screen.

Different heights

The upper structural element is always the same. The criteria of growth by means of modules added to the base unify the structure to a great degree. The transition of high elements to lower ones, or vice-versa, is realized on different levels. If the protective element changes with the topography, so can the relationship of distance between motorway and screen.

Materials

The basic material of the structure could be galvanized iron, stainless steel or Corten-steel.

Adaptation in area

The screens must be adapted to the line of the roadways. The gentle lines of the curves permit a polygonal line to adapt to a motorway curve. The precedent exists of the bi-wave in four-meter stretches, which allows for enormous adaptation. The straight lengths envisaged do not, in our case, extend beyond three meters. The presence of exceptional points of a special urban section or the beginning or end of the screen could be the object of a one-off treatment.

Adaptation in section

All the vertical elements must be truly vertical, while the horizontal elements must be parallel to the plane of the road surface. This has been resolved with parallelograms that adapt to the sloping of the road with 50-centimeter horizontal borders whose inclination is absorbed by the vertical uprights. This solution is valid for inclines of between 0 and 5%. The sections with superior inclines will be resolved with horizontal borders of 25 cm.

The texture from the motorway

The transparent paneling can be complemented with another, also transparent, of less thickness and with holes to avoid the rebounding of noise. The degree of transparency will vary according to whether vision is perpendicular or tangential.

The texture from the city

The handling of the skin would be much related to the city. Different textures formed by metal or wooden bars permit the contact of plants and tree branches, as well as the growth of climbing plants.

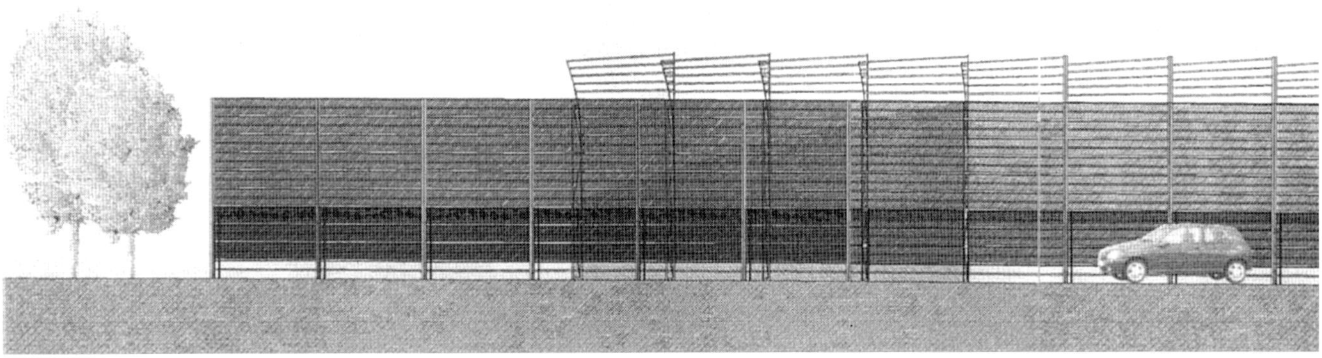

Pantallas acústicas, Francia

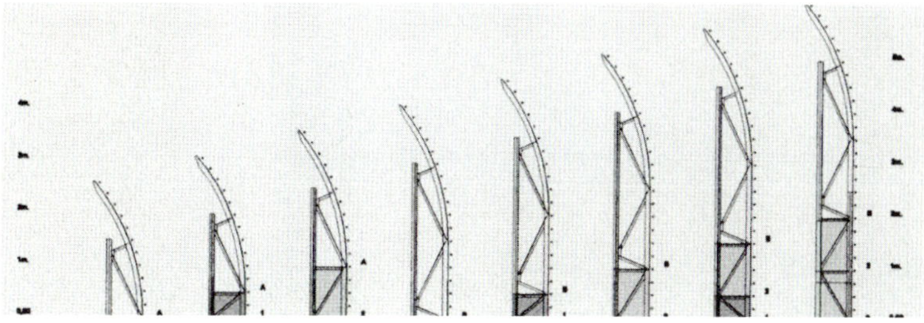

Pantallas vistas como elementos con doble fachada que se sitúan mirando tanto hacia la ciudad como hacia la autopista. Manteniendo una premisa de transparencia, las pantallas se cierran y recogen del lado de la autopista, y tamizan, filtran y, tal vez, se esconden de cara a la ciudad. ¿Por qué parece necesario evocar la ciudad desde la autopista? Tal vez se trate de una argucia para romper el extrañamiento respecto del territorio que se atraviesa y sobre el que no se encuentra ningún anclaje. En este proyecto se indagan las posibles mediaciones entre la autorreferenciación y el paisajismo estereotipado.

Screens seen as elements with a double frontage that are sited looking towards both the city and the motorway. Keeping to a premise of transparency, the screens are closed and withdraw from the motorway side, and they sift, filter and perhaps hide their face from the city. Why is it apparently necessary to evoke the city from the motorway? Maybe it's a subtle maneuver to break down the strangeness of the territory being crossed and on which no anchorage is found. The possible mediations between self-referentiality and stereotyped landscaping are investigated in this project.

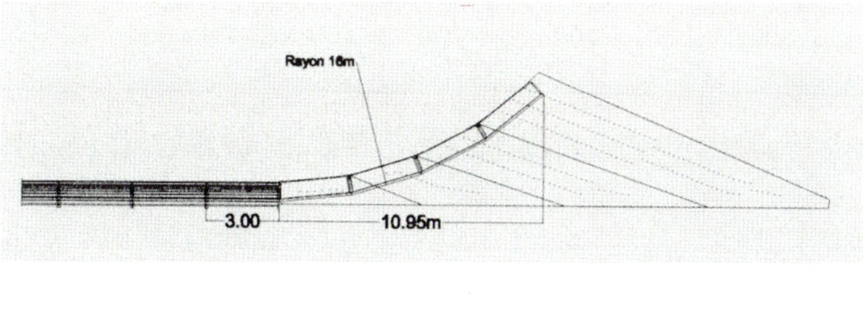

Acoustic screens, France

Balcells-Bru/Cánovas-Rentería/Alday-Jover

Ronda de la Hispanidad, Zaragoza, España

El Ayuntamiento de Zaragoza convocó, en 1999, una serie de concursos para tramos sucesivos de la Ronda de la Hispanidad, arteria de la ciudad situada entre las carreteras N-230 y N-232 y la autopista A-2, cuyo objetivo general era la integración y la ordenación de los espacios contiguos y los bordes de la citada vía. En este capítulo se muestran tres propuestas para tres tramos diferentes, ordenados de oeste a este a partir del arranque de la vía en la ciudad:
Tramo 1: Glorieta de la calle Isabel la Católica/Camino de Cuarte.
Tramo 2: Camino de Cuarte/Avenida de América.
Tramo 3: Parque de Torre Ramona/barrio de las Fuentes

Cada uno de los proyectos da cuenta de una "intersección" distinta entre las situaciones de contigüidad de cada tramo y las interpretaciones de dichas situaciones, materializadas en estrategias diversificadas. El primer tramo, rico en acontecimientos, se resuelve en la construcción de una geometría de taludes que, englobando las piezas del programa, evoluciona hacia una nueva topografía. El segundo se preocupa por encontrar una solución a una intersección de vías en tres propuestas diferenciadas: nudo, rotonda y plaza. El tercero, un espacio con usos remanentes y marginales, trasforma la vía en elemento generatriz de un espacio público de usos diversificados.

Balcells-Bru/Cánovas-Rentería/Alday-Jover

Ronda de la Hispanidad, Zaragoza, Spain

In 1999 Zaragoza City Council convoked a series of competitions for successive stretches of the Ronda de la Hispanidad, a main thoroughfare located between the N-230 and N-232 highways and the A-2 motorway, the overall objective of which was the integration and planning of the contiguous spaces and edges of this road. In this chapter three proposals are presented for three different stretches, running west to east from the beginning of the road in the city:
Section 1: The Calle Isabel la Católica roundabout/Camino de Cuarte
Section 2: Camino de Cuarte/Avenida de América
Section 3: Torre Ramona Park/Las Fuentes area.

Each of the projects accounts for a distinctive "intersection" between the situations of contiguity each stretch of road possesses, and interpretations of said situations, as materialized in diversified strategies. The first stretch, rich in events, is resolved in the construction of a geometry of embankments which, encompassing the components of the program, evolves towards a new topography. The second is concerned with finding a solution to a road intersection in three differentiated schemes: intersection, roundabout and plaza. The third, a space with residual and marginal uses, transforms the road into an element generating a public space of diversified use.

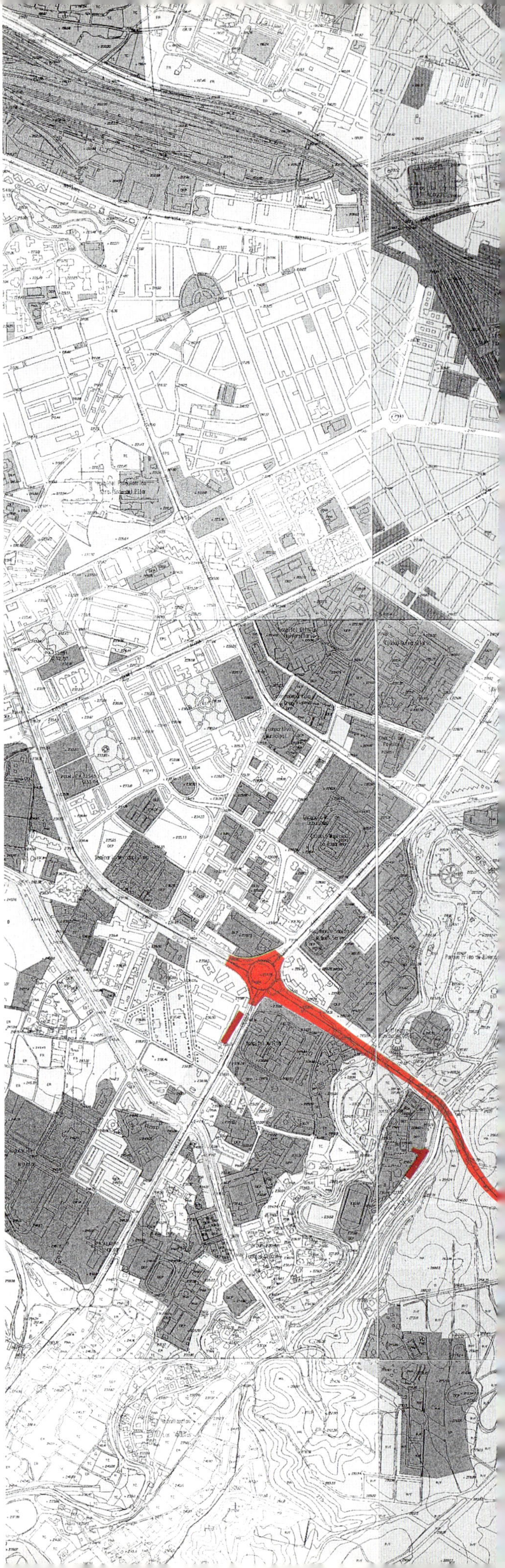

RIO
EBRO
RIO
EBRO
3
2
1

Tramo 1: Glorieta de la calle Isabel la Católica/Camino de Cuarte

Estrategia general del proyecto

La propuesta entiende la vía como la generatriz de un espacio inédito en busca del entorno que, cumpliendo los requerimientos del programa, permite nuevas lecturas. En primer lugar, el proyecto se orienta hacia la determinación de una geometría que debería evolucionar hacia una topografía. Todo el espacio, incluso aquel sobre el que no se interviene físicamente, se incorpora en una visión envolvente.

La nueva topografía suelda el plano del vial a la superficie del terreno y sirve, no sólo de soporte, sino que toma cuerpo a través del diálogo que establece con los elementos materiales, los factores ambientales y los usos actuales del territorio. El sistema de formas que se genera reconoce y propone la emergencia del potencial sugerido, subsana déficits y resuelve conflictos.

Solución adoptada

La superficie del terreno presenta una gran diversidad, tanto en los espacios libres como en los usos del suelo, tanto en la densidad como en la tipología del espacio construido. El plano de la vía presenta un doble carácter: como plano de usos vinculados a la vialidad y como plano de dominio del paisaje, en su sentido intrínseco y configurador de un paisaje en sí mismo, extrínseco en su soporte de visuales sobre el entorno.

De los elementos prefijados a los que debe atender el proyecto, los que presentan una mayor rigidez son el trazado y las intersecciones de la Ronda de la Hispanidad. El complejo y diverso territorio se configura como el elemento con mayor potencial de plasticidad.

Entre territorio y vial aparecen otros elementos. La configuración de estos elementos, la forma y el tratamiento de los taludes, la recuperación de caminos, el tratamiento del paisaje vegetal, la habilitación de equipamientos (auditorio, viveros, etc.), infraestructuras diversas (estación de bombeo, azud del canal, etc.) permite habilitar nuevos usos y dignificar los preexistentes. De este modo, la presencia de la vía no es destructora, sino que se configura como el elemento catalizador de una nueva identidad.

FICHA TÉCNICA:
Autoras: Conxita Balcells, Josepa Bru
Colaboradores: Laia Cisteró, Mariona Genís, Clara de Solà-Morales (arquitectas), Josep Cònsola (ingeniero agrónomo)
Cliente: Ayuntamiento de Zaragoza
Superficie: 10,7 hectáreas
Emplazamiento: Zaragoza, España
Proyecto: 1999

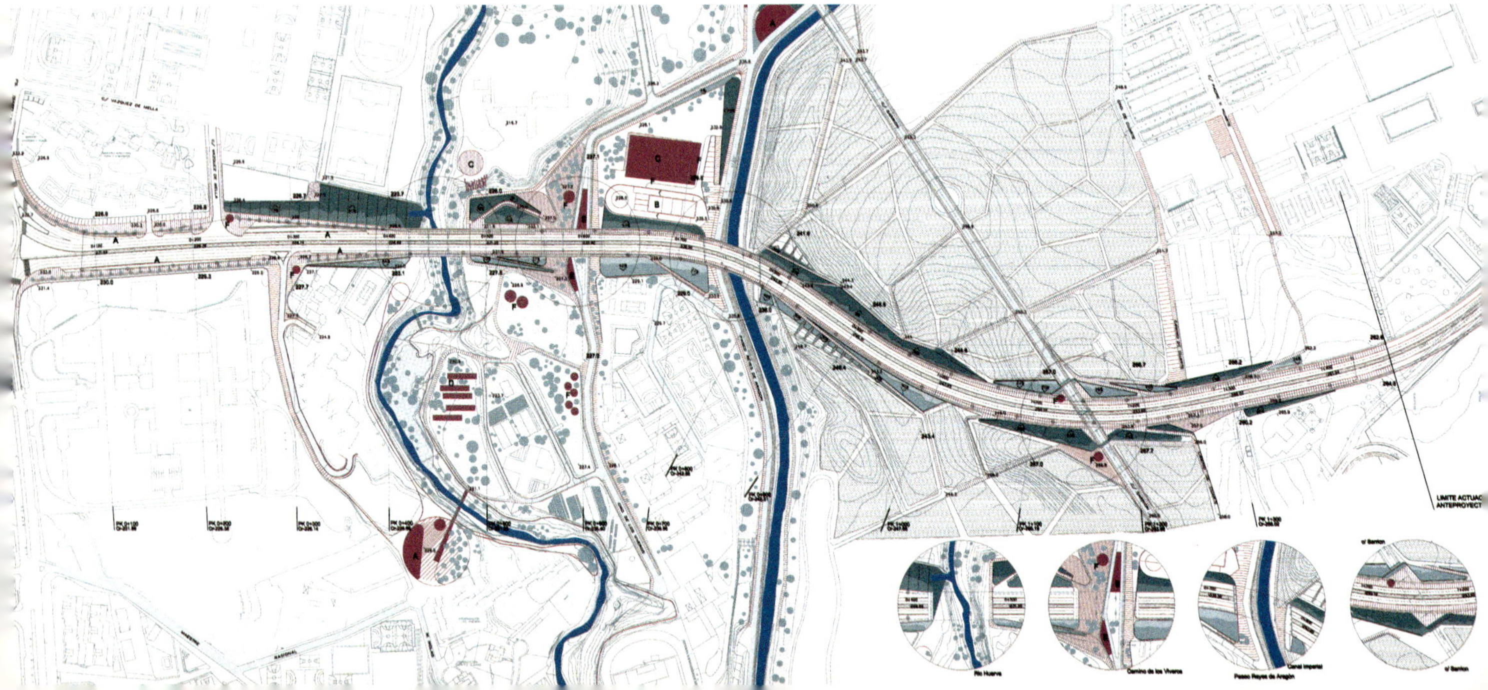

Section 1: The Calle Isabel la Católica roundabout/Camino de Cuarte

General project strategy

The proposal understands the road as the generator of a new space in search of the setting, something which, fulfilling the requirements of the program, leads to fresh readings. In the first instance, the project is oriented towards determining a geometry that should evolve towards a topography. The whole space, even the one on which we do not physically intervene, is incorporated in an all-embracing vision.

The new topography welds the road plane to the surface of the terrain and serves not just as a support, but rather takes shape via the dialogue it establishes with the material elements, environmental factors and current uses of the territory. The system of forms that is generated recognizes and proposes the appearance of the suggested potential, makes up for deficiencies and resolves conflicts.

Adopted solution

The surface of the terrain displays enormous diversity, both in open spaces and in uses of the ground, in the density as well as the typology of the built space. The road plane has a dual character: as a plane of uses linked to the road system and as a plane controlling the landscape, in its intrinsic and configurative sense of a landscape in itself, extrinsic in its support of visuals on the surroundings.

Of the prearranged elements the project must take into account, those that present the greatest rigidity are the layout and the intersections of the Ronda de la Hispanidad. The complex and diverse territory is configured as the element with greatest plastic potential.

Between territory and road, other elements appear. The configuration of these elements, the form and treatment of the embankments, the rehabilitation of pathways, the treatment of the vegetal landscape, the qualification of facilities (auditorium, nurseries, etc.), different infrastructures (pumping station, canal dam, etc.) allows us to provide new uses and to improve preexisting ones. In this way, the presence of the road is not destructive, but is configured as the catalyzing element of a new identity.

TECHNICAL DATA:
Authors: Conxita Balcells, Josepa Bru
Collaborators: Laia Cisteró, Mariona Genís, Clara de Solà-Morales (architects), Josep Cònsola (agronomist)
Client: Ayuntamiento de Zaragoza
Surface area: 10.7 hectares
Location: Zaragoza, Spain
Project: 1999

Tramo 2: Camino de Cuarte/avenida de América.

Descripción de las propuestas

Desdibujar el perfil de la ronda para dibujar la ciudad. Desvelar, reinterpretar, entrelazar, transformar.

Dadas las condiciones de partida, el proyecto se ha decantado por tres propuestas que dejan abierto el marco de la intervención. Estas propuestas abarcan desde la solución más posibilista que mantiene los ejes del nudo y de la ronda, hasta la solución que transforma totalmente el nudo de tráfico, adaptándolo a una geometría más urbana:

- Propuesta 1. Mantiene en el nudo los ejes de la ronda y conserva el tráfico en la avenida de América.
- Propuesta 2. Mantiene en el nudo los ejes de la ronda y restringe el tráfico en la avenida América.
- Propuesta 3. Transforma el nudo de tráfico en la geometría más urbana de una plaza.

La ronda se entiende como una calle y no como una vía rápida. Se incorpora la alineación de la prolongación de la calle Fray Julián Garcés y se asume la hipótesis de una transformación próxima de los terrenos de la cárcel de Torrero según un trazado propuesto.

Las necesidades a cubrir incluyen las transformaciones pendientes en la zona y las necesidades del barrio; la intervención se extiende para suturar los cabos inacabados que convergen en este límite de la ciudad.

El nudo de la ronda queda trazado entre los ejes de la calle Fray Julián Garcés y la avenida de América, sobre la explanada del cementerio: se adapta al recorte geométrico que se produce en la esquina del recinto del cementerio, junto con la entrada antigua. El tratamiento del nudo se asimila en un tratamiento más amplio que comprende, la explanada del cementerio y el fragmento de pinar situado entre los dos ejes. En las tres propuestas se ha intentado mantener la buena accesibilidad al barrio desde la ronda, adecuando los enlaces con la nueva alineación de la calle Fray Julián Garcés y la avenida América. También se facilita la accesibilidad a esta zona y sus equipamientos, con la previsión de plazas suficientes de estacionamiento. Se opta por una mayor interrelación entre el nudo de la ronda y los espacios adyacentes del barrio de Torrero, trabajando ambos como un todo, integrando islas de tráfico, aparcamientos y tratamiento de espacios verdes. La cualificación de todas las zonas abiertas: el fragmento de pinar, el descampado junto a las instalaciones de la radio, la explanada frente al cementerio.

FICHA TÉCNICA:
Autoras: Elena Cánovas, Isabela de Rentería
Colaboradores: Eduardo Hernández Ordax, Teresa Galí, Enrique García Vicente
Cliente: Ayuntamiento de Zaragoza
Superficie: 110.000 m^2
Emplazamiento: Zaragoza, España
Proyecto: 1999

Section 2: Camino de Cuarte/Avenida de América

Description of the schemes

To de-define the shape of the ring road in order to define the city. To explicate, reinterpret, entwine, to transform.

Given the premises, the project has been filtered through three schemes that leave the framework of the intervention open. These schemes extend from the most optimistic solution, which maintains the axes of the traffic intersection, adapting it to a more urban geometry:

- *Scheme 1 maintains the axes of the road within the intersection and conserves the traffic in the Avenida de América.*
- *Scheme 2 maintains the axes of the road within the intersection and restricts the traffic in the Avenida de América.*
- *Scheme 3 transforms the traffic intersection into the more urban geometry of a plaza.*

The road is understood as a street, and not as a rapid highway. The alignment of the prolongation of the Calle Fray Julián Garcés is incorporated and the hypothesis assumed of the imminent transformation of the grounds of the Torrero Prison in accordance with a proposed plan.

The needs to be covered include the changes pending in the area and the needs of the local neighborhood; the intervention is extended in order to suture the unfinished ends of the roads that converge in this boundary of the city. The ring road intersection is designed between the axes of the Calle Fray Julián Garcés and the Avenida de América, on the cemetery forecourt: it adapts to the geometrical excision that is produced in the corner of the cemetery enclosure, together with the old entrance. The handling of the intersection is assimilated within a more extended treatment that includes the cemetery forecourt and the bit of pinewood situated between the two axes. In the three schemes we have attempted to maintain good access to the neighborhood from the ring road, adapting the links to the new alignment of the Calle Fray Julián Garcés and the Avenida de América. Accessibility is also facilitated to this area and its amenities, with the providing of sufficient parking spaces. We have opted for a better interrelation between the ring road intersection and the adjacent spaces of the Torrero neighborhood by handling them both as a single whole, integrating traffic islands, parking spaces and green spaces. The qualification of all the open areas: the bit of pinewood, the empty ground next to the radio installations, the cemetery forecourt.

TECHNICAL DATA:
Authors: Elena Cánovas, Isabela de Rentería
Collaborators: Eduardo Hernández Ordax, Teresa Galí, Enrique García Vicente
Client: Ayuntamiento de Zaragoza
Surface area: 110,000 m^2
Location: Zaragoza, Spain
Project: 1999

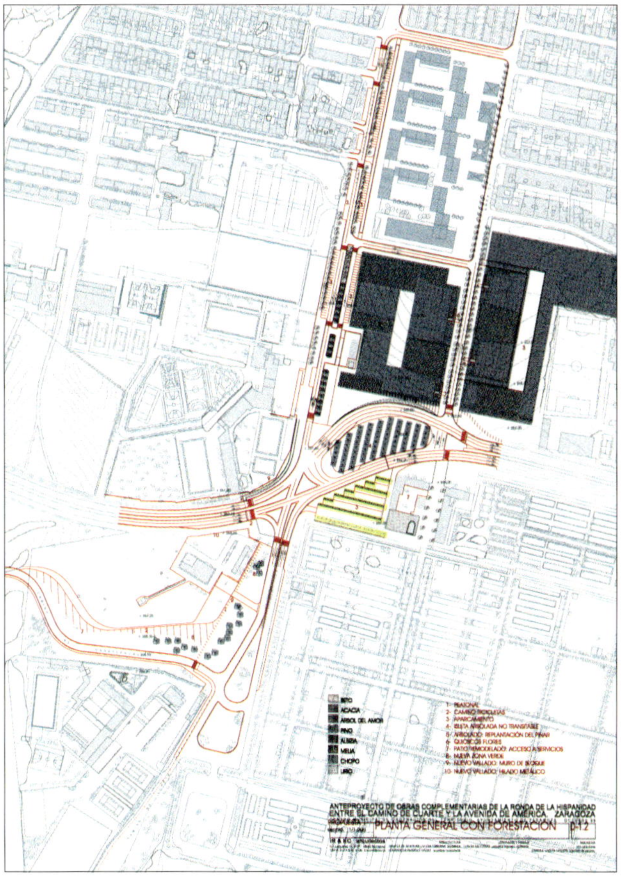
BITO
ACACIA
ARBOL DEL AMOR
PINO
ALBIZIA
MELIA
CHOPO
URIO
1- PEATONAL
2- CAMINO BICICLETAS
3- APARCAMIENTO
4- ISLETA ARBOLADA NO TRANSITABLE
5- ARBOLADO: REPLANTACIÓN DEL PINAR
6- QUIOSCOS FLORES
7- PATIO REMODELADO: ACCESO A SERVICIOS
8- NUEVA ZONA VERDE
9- NUEVO VALLADO: MURO DE BLOQUE
10- NUEVO VALLADO: HILADO METÁLICO
ANTEPROYECTO DE OBRAS COMPLEMENTARIAS DE LA RONDA DE LA HISPANIDAD
ENTRE EL CAMINO DE CUARTE Y LA AVENIDA DE AMÉRICA. ZARAGOZA
PLANTA GENERAL CON FORESTACIÓN
D-1.2

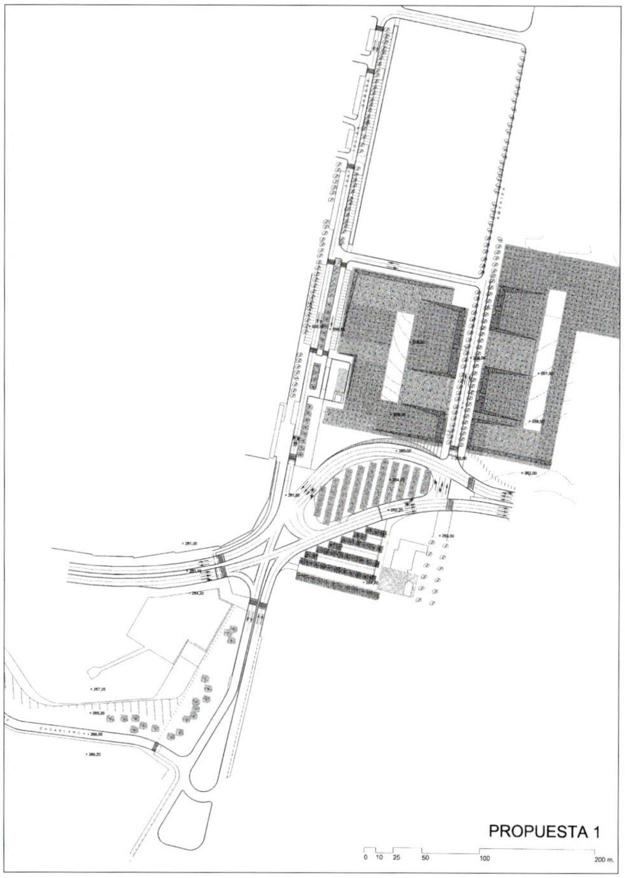
PROPUESTA 1
0 10 25 50 100 200 m.

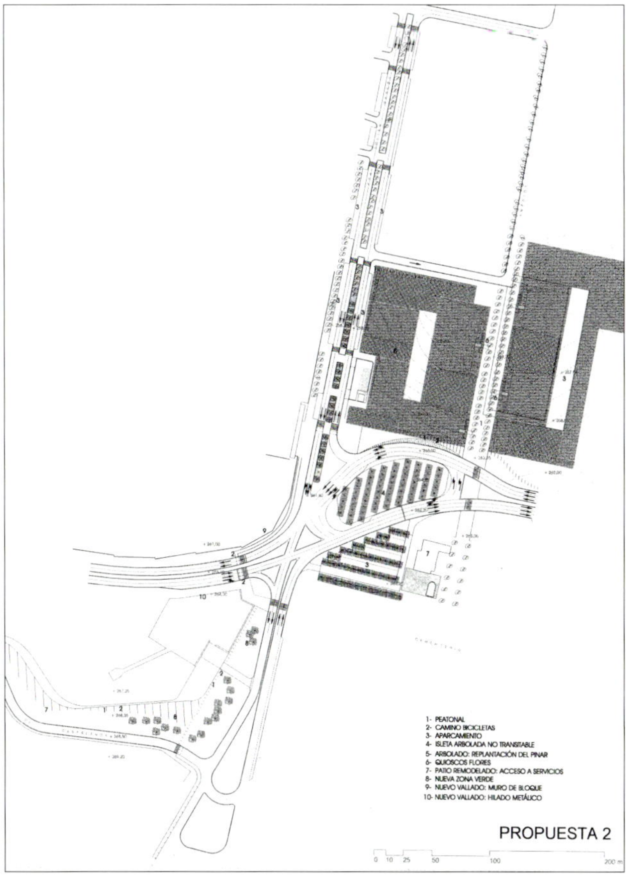
1- PEATONAL
2- CAMINO BICICLETAS
3- APARCAMIENTO
4- ISLETA ARBOLADA NO TRANSITABLE
5- ARBOLADO: REPLANTACIÓN DEL PINAR
6- QUIOSCOS FLORES
7- PATIO REMODELADO: ACCESO A SERVICIOS
8- NUEVA ZONA VERDE
9- NUEVO VALLADO: MURO DE BLOQUE
10- NUEVO VALLADO: HILADO METÁLICO
PROPUESTA 2
0 10 25 50 100 200 m

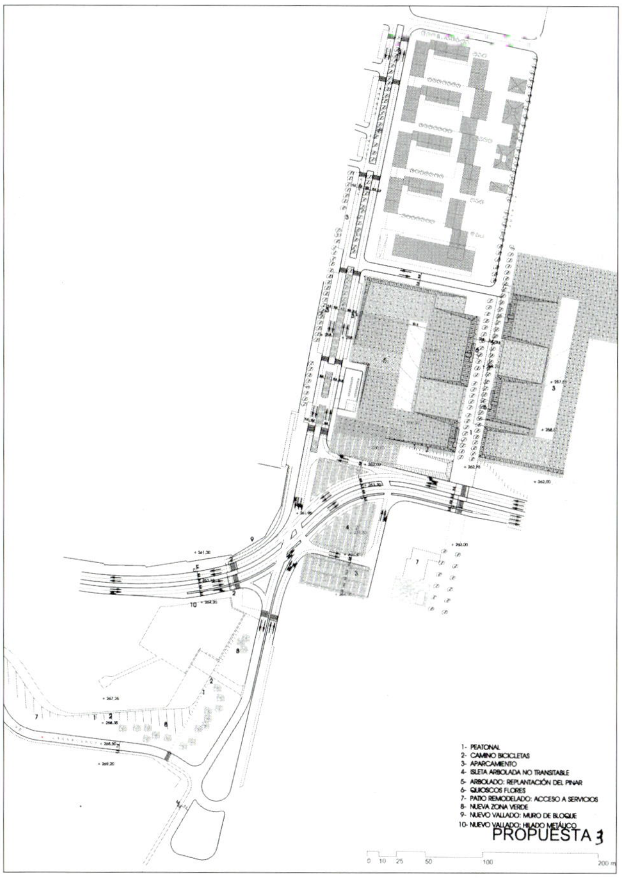
1- PEATONAL
2- CAMINO BICICLETAS
3- APARCAMIENTO
4- ISLETA ARBOLADA NO TRANSITABLE
5- ARBOLADO: REPLANTACIÓN DEL PINAR
6- QUIOSCOS FLORES
7- PATIO REMODELADO: ACCESO A SERVICIOS
8- NUEVA ZONA VERDE
9- NUEVO VALLADO: MURO DE BLOQUE
10- NUEVO VALLADO: HILADO METÁLICO
PROPUESTA 3
0 10 25 50 100 200 m

Iñaki Alday, Margarita Jover

Tramo 3: parque de Torre Ramona/barrio de las Fuentes

La propuesta consiste en la integración de la infraestructura de la ronda de la Hispanidad (tercer cinturón de la ronda de Zaragoza), en un tramo periférico, en tierra de nadie, en el límite entre la ciudad y el medio rural. La ronda se entiende como elemento que facilita y formaliza la relación entre la ciudad y su entorno agrícola, y no como una barrera impermeable que contenga y limite la ciudad protegiendo al campo: un puente que facilite flujos entre ambos territorios. Los inevitables espacios intermedios no serán secreciones espontáneas, sino espacios dotados de cualidades, forma, usos y conexiones que ayudará a estructurar la ronda.

El parque propuesto no debe ser un parque urbano convencional, claramente delimitado, zonificado y con recorridos precisos y únicos, sino un espacio público abierto a usos y flujos diversos y variables.

Una grieta bajo el nivel de las calles circundantes fragmenta y estructura los espacios del parque, recogiendo los campos de fútbol existentes a la cota natural del terreno (190,50 metros) y las pistas deportivas propuestas, situadas tres metros por encima (193,50 metros).

En las plataformas a nivel de las calles y la ronda, a ambos lados de ésta, unos miradores sobre huertas y pistas deportivas, una plaza y zonas de paseos y juegos. Las protecciones acústicas previstas en la ronda se modifican ligeramente para mejorar el aprovechamiento y la calidad de los espacios. La zona de huertas adyacente, entre la ronda y las vías del ferrocarril, facilitan el uso del actual paseo, carril de bicicletas y pista de footing, habilitando conexiones con el parque y mejorando el firme y la vegetación de los caminos existentes.

FICHA TÉCNICA:
Autores: Iñaki Alday, Margarita Jover, Charmaine Lay
Colaboradores: Montse Escorell, Anna Planas (arquitectas), Jorge Abad (biólogo), Fernando Benedicto (arquitecto técnico)
Cliente: Ayuntamiento de Zaragoza
Superficie: 12,6 hectáreas
Emplazamiento: Zaragoza, España
Proyecto: 1999

Iñaki Alday, Margarita Jover

Section 3: Torre Ramona Park/Las Fuentes area

The scheme consists in integrating the infrastructure of the Ronda de la Hispanidad (the third Zaragoza ring road) in a peripheric section of the same, in a no-man's land, at the boundary between the city and the rural environment. The ring road is understood as an element that facilitates and formalizes the relationship between the city and its agricultural surroundings, and not as an impermeable barrier that contains and delimits the city, safeguarding the countryside: a bridge facilitating flows between both territories, then. The inevitable intermediary spaces will not be spontaneous secretions, but spaces endowed with qualities, form, uses and connections that will help structure the ring road.

The proposed park must not be a conventional urban park, clearly delimited, zoned and with precise, single paths, but a public space open to differing and variable uses and flows.

A fissure below the level of the surrounding streets fragments and structures the spaces of the park, subsuming the existing football pitches at the natural datum of the terrain (190.5 meters) and the proposed sports courts, situated three meters higher (193.5 meters).

On the platforms at the height of the streets and the ring road, on either side of the latter, a number of vantage points over allotments and sports courts, a plaza, and pedestrian and play areas. The acoustic barriers planned for the ring road are slightly modified to improve the use and quality of the spaces. The adjacent allotment area between the ring road and railroad tracks facilitates usage of the current walkway, cycle path and jogging track, providing connections with the park and improving the surface and vegetation of the existing paths.

TECHNICAL DATA:
Authors: Iñaki Alday, Margarita Jover, Charmaine Lay
Collaborators: Montse Escorell, Anna Planas (architects), Jorge Abad (biologist), Fernando Benedicto (surveyor)
Client: Ayuntamiento de Zaragoza
Surface area: 12.6 hectares
Location: Zaragoza, Spain
Project: 1999

Emplazamiento
1. Parque y zona deportiva
2. Parque agrícola
3. Zona de huerta
4. Bosque de ribera

Site
1. Park and sports area
2. Agricultural park
3. Allotments
4. Riverside wood

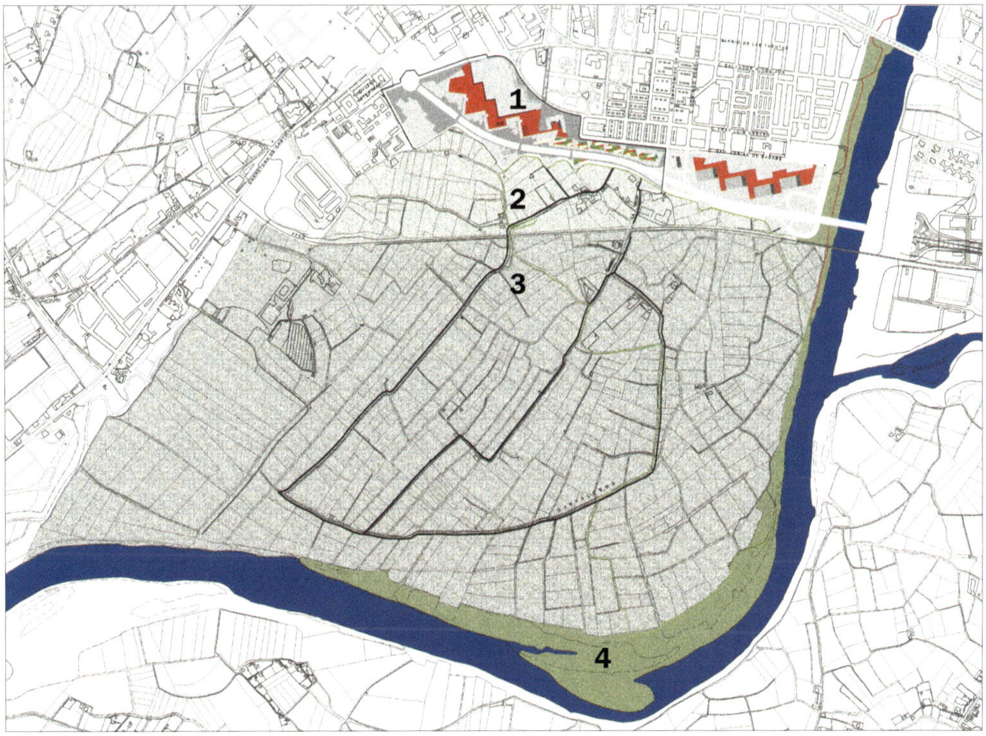

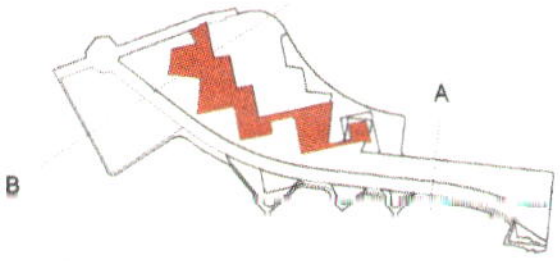

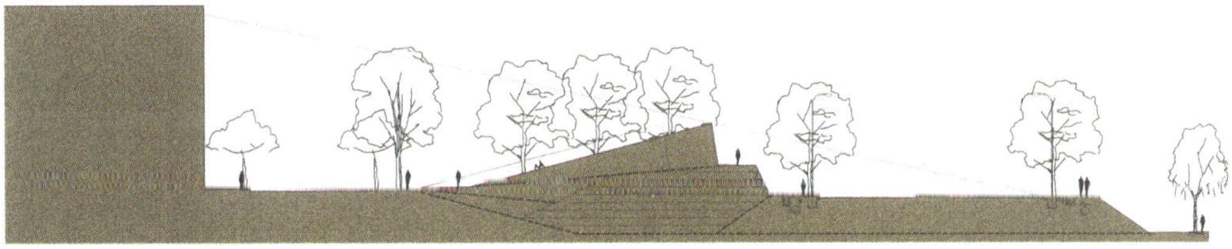

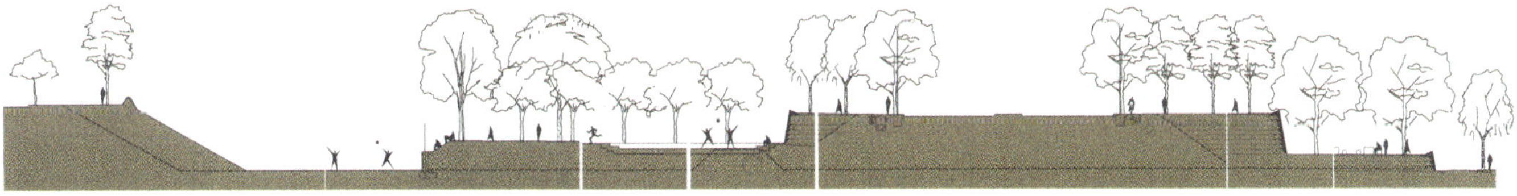

Créditos fotográficos *Photo credits*

Bart Hofmeester, p. 118
Iñaki Alday/Margarita Jover, pp. 76-77
Florian Beigel, pp. 86-87
Jordi Bernadó, pp. 26-29
Philip Christou, pp. 56-58, 79, 81
Estop, p. 69
John Gollings, pp. 30, 33
Heli Ibérica, p. 25
Duccio Malagamba, pp. 39-41, 43-44, 46-49
Daniel Mallo, p. 80
Eduard Maunet, p. 55
Philipp Misselwitz, p. 78
Paisajes españoles, p. 45
P. A. C. Rook, pp. 115-117, 119
Dick Sellenraad, p. 119
Marion Wenzel, p. 78